浙江省高职院校"十四五"重点教材

高等职业教育人工智能工程技术系列教材

OpenCV 图像处理技术

（微课版）

傅贤君　沈茗戈　汪婵婵　主　编

林忠晨　连博博　路晓坚　副主编

電子工業出版社

Publishing House of Electronics Industry

北京 · BEIJING

内 容 简 介

本书通过项目化的教学模式，采用“任务驱动、案例教学、探究实践”的教学方法组织编写而成，可以培养学生的动手能力，充分发挥学生的主导作用。本书系统地介绍了图像处理基础、图像运算、图像增强、图像分析4个方面的相关知识，内容包括数字图像处理基础、图像运算、色彩空间与几何变换、阈值处理与图像平滑、形态学操作、图像梯度与边缘检测、图像金字塔、图像轮廓、图像直方图、模板匹配与霍夫变换、图像分割与提取、视频处理，同时结合综合实战，注重理论联系实际，培养学生的综合实践能力。案例选取贴近岗位真实应用，以“任务目标→任务场景→任务准备→任务演练→任务巩固”的设计思路，深入解析计算机视觉的方式与方法，引导学生崇德尚能、知行合一、服务社会，形成良好的职业素养。

本书可作为高职高专院校数字图像处理课程的教学用书，适合高职高专院校和培训机构的计算机视觉与图像处理、人工智能等相关专业的师生阅读。

图书在版编目（CIP）数据

OpenCV图像处理技术：微课版 / 傅贤君，沈茗戈，汪婵婵主编. —北京：电子工业出版社，2023.5

高等职业教育人工智能工程技术系列教材

ISBN 978-7-121-45552-0

Ⅰ. ①O… Ⅱ. ①傅… ②沈… ③汪… Ⅲ. ①图像处理软件－高等职业教育－教材 Ⅳ. ①TP391.413

中国国家版本馆CIP数据核字（2023）第080486号

责任编辑：徐建军　　特约编辑：田学清
印　　刷：北京缤索印刷有限公司
装　　订：北京缤索印刷有限公司
出版发行：电子工业出版社
　　　　　北京市海淀区万寿路173信箱　　邮编 100036
开　　本：787×1 092　1/16　印张：13　字数：349千字
版　　次：2023年5月第1版
印　　次：2024年8月第3次印刷
印　　数：1 500册　　定价：58.00元

前言

为贯彻国务院印发的《新一代人工智能发展规划》和教育部印发的《高等学校人工智能创新行动计划》精神，落实“对照国家和区域产业需求布点人工智能相关专业，加大人工智能领域人才培养力度”，本书以企业智能化转型为背景，基于“岗位需求导向、工作场景驱动、工作能力培养”的理念，结合当前 OpenCV 图像处理技术在人工智能领域的应用及高职高专院校学生的实际情况，确定教材内容。

计算机视觉作为人工智能的关键领域之一，数字图像处理占据着重要地位。人脸识别、车牌识别、文字识别都是数字图像处理技术在计算机视觉领域中的重要成果。OpenCV 是一个跨平台计算机视觉库，涵盖大量轻量且高效的图像处理算法。Python 作为简单易学且功能强大的面向对象的编程语言，目前已经被广泛应用在人工智能领域中。

本书依据《计算机视觉应用职业技能标准》和《人工智能技术应用国家教学标准》的大纲要求，结合当前 OpenCV 图像处理技术在人工智能领域的应用及高职高专院校学生的实际情况进行内容编排与章节组织，系统地介绍了图像处理基础、图像运算、图像增强、图像分析 4 个方面的相关知识。

本书采用项目驱动化的方式进行编写，充分体现工学结合、知行合一，着力打造立体化精品教材，具体特色包括以下几个方面。

第一，课程思政引领，将课程思政与实践创新相结合，将思政教育贯穿整个教学过程，引导读者建立良好的价值观、人生观、世界观。

第二，教材内容包含 13 个项目，并对每个项目进行递进式任务分解，循序渐进，积极响应《国家职业教育改革实施方案》中的“三教”改革要求。

第三，以典型工作场景为背景，结合典型化生活案例激发读者的学习兴趣并设计教学内容，以“聚焦服务社会、培养智能工匠”为主线，实施产教融合落地。

第四，单元设计立足“引—探—测—学—悟—评”，符合递进式螺旋上升学习模式，环环相扣，将理论与实践充分结合。

第五，本书配有微课视频、练习素材、任务书、代码、电子课件、教案等教学资源，拓展“1+X”证书考试、技能竞赛资源，激发读者主动学习的兴趣，引导读者自主探究。

本书是教育部高校学生司第一期供需对接就业育人项目（项目编号为 20220102258）、浙江省高职院校“十四五”首批重点教材建设立项项目、浙江省 2022 年省级课程思政示范课程（项目编号为 SKCSZ202203）、在温高校首批市级“课程思政教学示范课程”（项目编号为 KC202203）、浙江安防职业技术学院 2022 年度校级课程思政教学示范课程的教学改革成果。在编写本书过程中，同时得到了上海商汤智能科技有限公司、北京中软国际教育科技股份有限公司的大力支持，在此表示衷心的感谢。

本书由浙江安防职业技术学院组织编写，由傅贤君、沈茗戈、汪婵婵担任主编，林忠晨、连博博、路晓坚担任副主编。其中，项目 1、项目 3、项目 8、项目 10、项目 12 由傅贤君编写，项目 5、项目 6、项目 7、项目 9 由沈茗戈编写，项目 2、项目 4 由汪婵婵编写，项目 11、项目 13 由林忠晨、连博博、路晓坚编写。

为了方便教师教学，本书配有电子教学课件及相关资源，请有此需要的教师或读者登录华信教育资源网（www.hxedu.com.cn）注册后免费下载，如有问题可在华信教育资源网的网站留言板留言。

由于编者水平有限，虽然在编写本书过程中力求精确，也进行了多次校正，但书中难免存在一些疏漏和不足，希望广大同行专家和读者给予批评、指正。

编　者

目录

项目 1

数字图像处理基础

项目介绍

数字图像处理是通过计算机对图像去除噪声、增强、复原、分割、提取特征等处理的方法和技术。本项目主要介绍数字图像处理简介，OpenCV 的安装与配置，利用计算机读取、显示、保存图像的方法，图像的属性与图像像素级操作的方法。

学习目标

✧ 掌握数字图像处理的概念。
✧ 掌握数字图像处理的应用领域。
✧ 掌握 OpenCV 的安装与配置方法。
✧ 掌握读取图像、显示图像、保存图像的基本方法。
✧ 掌握图像的属性。
✧ 掌握图像像素访问与修改。

任务 1　数字图像处理简介

任务目标

❖ 掌握数字图像处理的概念。
❖ 掌握数字图像处理的应用领域。

任务场景

人类是通过感觉器官从客观世界获取信息的，即通过耳、目、口、鼻、手的听、看、尝、闻的方式获取信息。在这些信息中，视觉信息占 70%。数字图像处理发展到今天，许多技术已日益趋于成熟，应用也越来越广泛，并渗透到许多领域，如遥感、生物医学、通信、工业、航空航天、军事、安全保卫等。生活中很多场景都用到了数字图像处理技术。本任务主要介绍数字图像处理的概念及其应用领域。

任务准备

1.1.1 数字图像处理的概念

人们睁眼看世界，看的就是图像。图像由图和像构成，两者是有差别的。图是客观世界的存在。从物理层面来看，图是物体反射或透射光的分布；而像则是人的视觉系统所接受的图在人脑中形成的认识。

狭义的数字图像处理是指图像的增强、恢复和重建，操作的对象是图像的像素，输出的是图像。它是由图像处理、图像分析和图像理解 3 个系统组成的。图像处理包括图像采集和从图像到图像的变换，以改善主观的视觉效果和为图像分析与图像理解做初步处理。图像分析是从图像中取出感兴趣的数据，以描述图像中目标的特点。图像理解是在图像分析的基础上研究各目标的性质和相互关系，以得出图像内容的理解和对原场景的解释。图像处理、图像分析和图像理解是处在从低到高的 3 个不同的抽象程度上的过程。本课程着重于图像处理和分析系统。

数字图像的产生远在计算机出现之前。最早有电报传输的数字图像。20 世纪六七十年代，随着计算机硬件的发展和快速傅里叶变换算法的发现使得用计算机能够处理图像；从 20 世纪 80 年代开始处理三维图像；到 20 世纪 90 年代，随着计算机性能的大幅提高和广泛使用，图像处理技术已经涉及社会的各个角落。图像逐渐在传播媒体中占据了主导地位，产生了许多新行业、新商机。未来图像处理的发展是不可限量的。数字图像处理属于计算机科学，但是其 90%依赖于数学。

图 1.1 早期数字图像

数字图像的最早应用之一是报纸业。1921 年，图像第一次通过海底电缆从伦敦传输到纽约，把横跨大西洋传送一幅图像所需的时间从一个多星期减少到了 3 小时。在当时看来，能近乎“实时”地看到运动场上本国运动员矫健的身影，如图 1.1 所示。

受限于当时的计算能力，图像的清晰度一直保持在较低的水平。一开始让人过瘾的图像，逐渐无法满足日益挑剔的受众，人们无法接受自己想看到的图像模糊不清。

随着计算机数据存储、显示和传输技术的进步，工程师又开始了新的探索。早期的图像处理的目的是改善图像的质量。美国喷气推进实验室对航天探测器徘徊者 7 号在 1964 年发回的几千张月球照片使用了数字图像处理技术，如利用几何矫正、灰度变换、去除噪声等方法进行处理后，成功地绘制出月球表面地图（见图 1.2），这可以算是最早的数字图像处理了。图像上的陨石坑清晰可见。事实上，拍摄出来的原始图像是充满噪声和各种畸变的，得益于图像的自身数字化优势和出色的计算能力，经过数字图像处理过的月球表面图像震撼了当时人们的心灵，驱散了笼罩在人类认知盲区上的迷雾，满足了人类多年来想象月球的好奇心。

图 1.2　“徘徊者 7 号”拍摄的月球照片

随着各种传感器传回来的图像越来越多，图像体积越来越大，图像压缩技术也开启了长足发展的进程。事实上，图像处理作为一门单独的学科也起源于这段时期。20 世纪 70 年代，数字图像处理没有停下涉足其他领域的脚步。例如，医学领域也开始逐步尝试使用数字图像处理技术来解决一些问题，医生利用计算机断层技术以更好的手段扫描和成像，用于诊断病人的病情。这也是数字图像处理的一个应用，如图 1.3 所示。

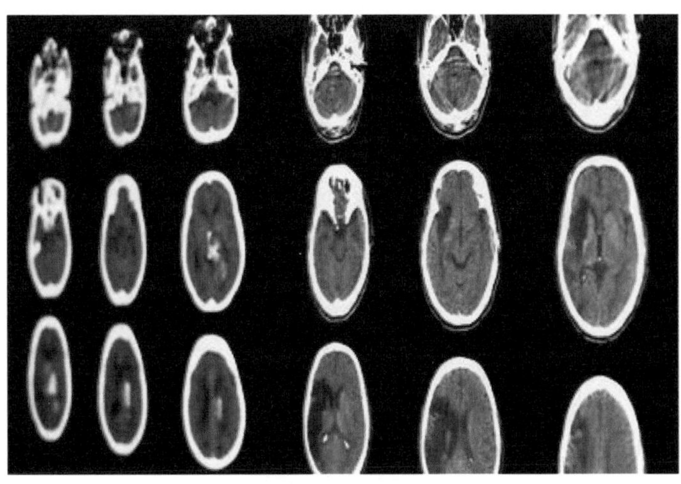

图 1.3　利用计算机断层扫描图像

20 世纪 80 年代，随着其他领域的发展，新技术的出现，新的待处理的问题不断涌现，人们也开始探索其他的解决方案。数字图像的应用领域在这段时间不断扩大，数字图像处理技术开始被大量应用到生产中，如工业自动化领域、卫星遥感领域等。20 世纪 90 年代，数字图像处理技术快速发展，涌现出大量新的算法。而且正是在这段时间，小波理论开始被用来研究数字图像处理的问题，且成果显著。随着计算机设备的普及，普通人也开始跟数字图像处理打交道，如在这段时间诞生的图像处理软件 Photoshop（见图 1.4），帮助我们以一种比较容易的方式对数字图像进行处理。

图 1.4　图像处理软件 Photoshop

时至今日，数字图像处理领域一直是生机勃勃的发展态势。除了应用在医学、工业和航空航天等领域，也应用在地理、考古、物理学、生物学、天文学等领域。例如，地理工作者使用一些方法通过卫星和航空图像来研究地理信息。图像增强和复原方法用于处理难以修复的图像退化现象。在考古领域，工作者使用数字图像处理方法已经成功复原了模糊图片。在物理领域，数字图像处理技术通常用于增强高能等离子和电子显微镜等领域的实验图像。人工智能技术的发展使得数字图像处理的应用更加广泛、成果显著且不可替代。

1.1.2　数字图像处理的应用领域

常见的数字图像处理技术包括图像分类、图像去噪、图像分割、图像重建、目标检测等。下面对其进行简单介绍。

图像分类：图像分类和识别是数字图像处理中一项非常基础且十分重要的任务。该技术的主要目的是识别图像中存在的物体并进行归类。传统的图像分类方法是先设计特征提取器，再对提取的特征进行分类和识别；常用的特征有 SIFT、HOG、Harr、LBP、颜色直方图、边缘直方图等。分类算法主要是机器学习中的 SVM、AdaBoost、随机森林等非线性回归模型。随着人工智能技术的发展，基于深度学习的图像分类任务的精度已经超越了人类的识别精度，其算法也在不断迭代更新。图 1.5 展示了通用图像分类逻辑。

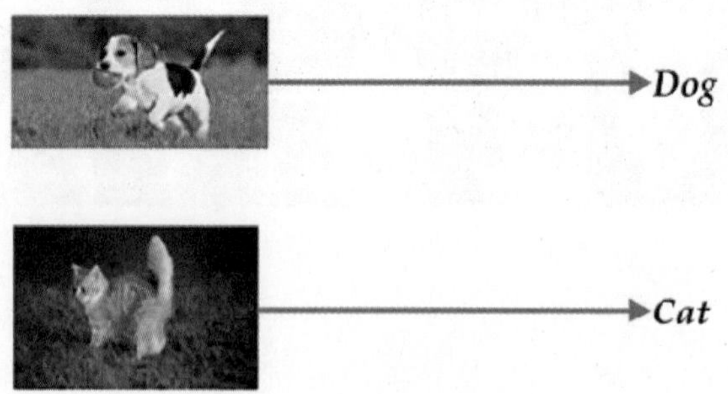

图 1.5　通用图像分类逻辑

图像去噪：图像在产生和传输的过程中，由于设备本身及传输信道中的干扰会使所采集到的数据含有部分噪声，这些噪声可能会严重影响所采集图像的质量，因此图像去噪技术一直是数字图像处理领域一个热门的研究方向。常见的噪声主要分为加性噪声、乘性噪声、量化噪声、椒盐噪声和高斯噪声。目前，图像去噪主要有两种方法，分别是传统图像去噪算法和基于神经网络的图像去噪算法。图 1.6 所示为图像去噪示例。

（a）原始图像　　（b）带噪声图像　　（c）图像去噪结果

图 1.6　图像去噪示例

图像分割：图像分割是指将图像中的对象分解为若干个互不重叠的区域，每一个区域都具有明显的特征。图像分割是数字图像处理领域中一项非常基础且重要的任务，该技术在自动驾驶、视频处理、虚拟现实、多媒体场景分析、目标检测等实际应用中扮演着非常重要的角色。传统的图像分割方法主要包括边界检测法、阈值法、区域生长法及聚类法等。图 1.7 所示为图像分割示例。

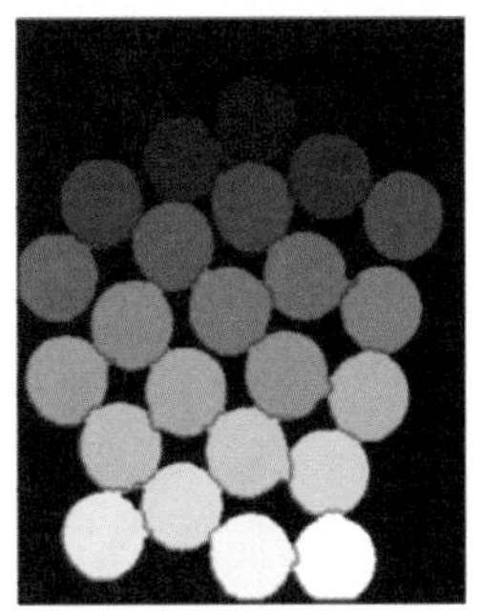

（a）原始图像　　（b）图像分割结果

图 1.7　图像分割示例

图像重建：图像重建又被称为“图像超分辨率重建”，是指通过数字信号处理基础，将原始的、低分辨率的图像转化为高分辨率图像。这种算法在视频理解、安防监控等领域具有重要的应用价值和研究意义。图像超分辨率重建有多种不同类型的研究方法，常用的是基于重建频域的图像重建算法。如图 1.8 所示为图像重建示例。

（a）原始图像　　（b）图像重建结果

图 1.8　图像重建示例

person : 0.992
horse : 0.993
car : 1.000
dog : 0.997
person : 0.979

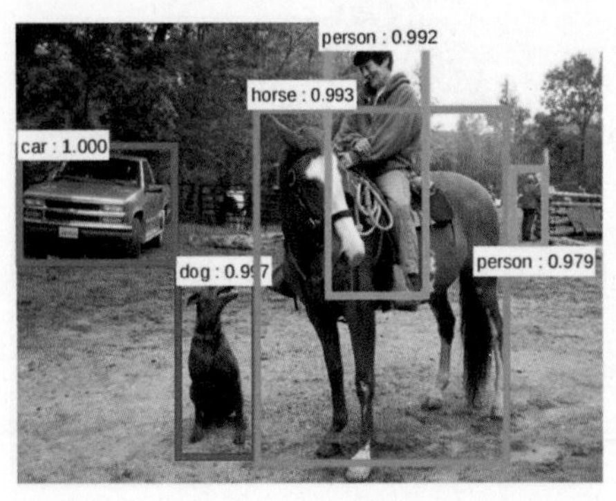

图 1.9　目标检测示例

目标检测：目标检测算法的目的是从图像中找出事先定义好的一系列类别。目标检测算法在文字识别、内容理解、多媒体视频处理、无人驾驶、无人机等领域都具有重要的应用。传统的目标检测算法主要包括数据预处理、设计滑动窗口、特征选择与提取、特征分类与回归等。基于深度学习的目标检测技术日益成熟，这种类型的方法无论是在速度还是准确性上都能符合实际产品的需要。图 1.9 所示为目标检测示例。

人工智能赋能百业，数字图像处理作为人工智能领域的重要组成部分，在物理化学、生物医学、法律、经济、军事、通信、农林、工业等多个领域都具有重要的应用。图 1.10 所示为数字图像处理技术应用领域思维导图。

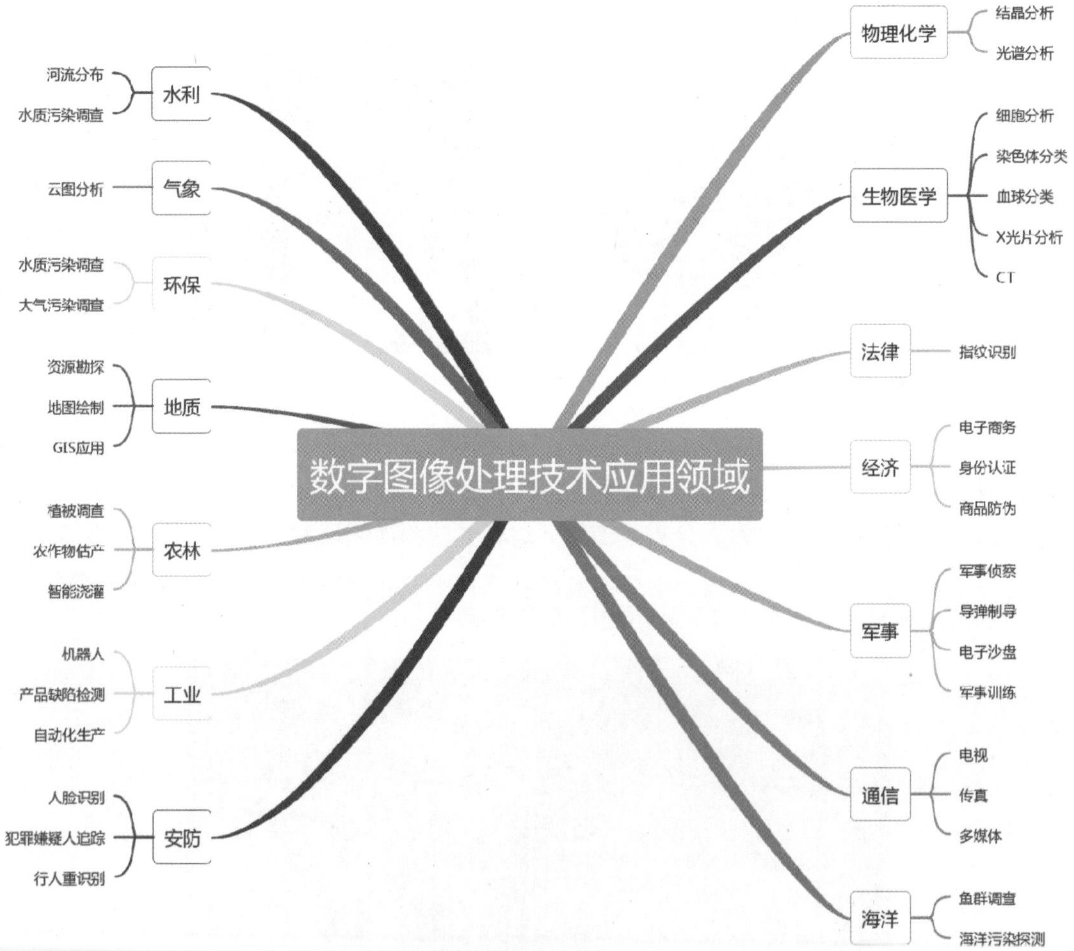
数字图像处理技术应用领域
水利
河流分布
水质污染调查
气象
云图分析
环保
水质污染调查
大气污染调查
地质
资源勘探
地图绘制
GIS应用
农林
植被调查
农作物估产
智能浇灌
工业
机器人
产品缺陷检测
自动化生产
安防
人脸识别
犯罪嫌疑人追踪
行人重识别
物理化学
结晶分析
光谱分析
生物医学
细胞分析
染色体分类
血球分类
X光片分析
CT
法律
指纹识别
经济
电子商务
身份认证
商品防伪
军事
军事侦察
导弹制导
电子沙盘
军事训练
通信
电视
传真
多媒体
海洋
鱼群调查
海洋污染探测

图 1.10　数字图像处理技术应用领域思维导图

任务探究——熟悉数字图像处理

小组活动：根据图 1.10，通过网络搜索，了解数字图像处理技术应用在具体领域的知识并举例其使用场景及用到的方法。

记录：请记录小组讨论的主要观点，推选代表在课堂上简单阐述观点。

示例：【安防・人脸识别】人脸识别是指能够识别或验证图像或视频中主体身份的技术。传统方法依赖于人工设计的特征（如边缘和纹理描述）与机器学习技术（如主成分分析、线性判别分析或支持向量机）的组合。当前主流的基于卷积神经网络（CNN）的深度学习方法利用大型的数据集进行训练，从而学习到表征这些数据的最佳特征，具体流程包括人脸采集、人脸检测、人脸特征提取、人脸识别，应用场景有安全和执法、支付、身份验证和识别、统计人流量、犯罪嫌疑人比对等。

任务 2　OpenCV 的安装与配置

任务目标

- ❖ 掌握 OpenCV 的基本概念。
- ❖ 掌握 Python 环境的配置方法。
- ❖ 掌握第三方库的安装方法。
- ❖ 掌握 OpenCV 的安装与配置方法。

任务场景

OpenCV 是一个图像处理与计算机软件库，支持多种语言。本书的代码都是基于 OpenCV-Python 编写的，在使用之前，需要掌握 OpenCV 环境的安装与配置。

任务准备

1.2.1　OpenCV 简介

OpenCV 是一个开源跨平台图像处理与计算机软件库，可以运行在 Linux、Windows、Android 和 macOS 操作系统上。它具有轻量级而且高效的特点——由一系列 C 语言函数和少量 C++ 类构成，同时提供了 Python、Ruby、Matlab 等语言的接口，实现了图像处理和计算机视觉方面的很多通用算法。图 1.11 所示为 OpenCV 图标。

图 1.11　OpenCV 图标

OpenCV-Python 是 OpenCV 的 Python API，是由原始 OpenCV、C++实现的 Python 包装器，结合了 OpenCV、C++、API 和 Python 语言的特点。虽然 Python 语言运行起来比 C++语言慢，但是 Python 语言具有简单、短小、学习快的特点，同时 Python 能够很方便地调用 C++开发的组件，这样高性能要求的功能可以使用 C++来实现。

OpenCV-Python 环境配置需要安装 Python3、Numpy 库、OpenCV-Python 库、Jupyter

Notebook 库。下面将详细介绍其安装与配置方法。

1.2.2 Python 的安装与配置

Python 是由荷兰人吉多・范罗苏姆在 1980 年设计的，于 1994 年 1 月正式发布 1.0 版，经过近三十年的发展演进，现在已经成为主流的程序设计语言之一。Python 这个名字取自著名的英国超现实喜剧“蒙提・派森的飞行马戏团”，另外，Python 又有蟒蛇之意，所以其代表图标为两条蟒蛇缠绕在一起，形成类似于阴阳太极图的样式，如图 1.12 所示。

图 1.12　Python 程序语言图标

Python 支持多种程序设计范式，包括程序式、结构式、面向对象、函数式、脚本式，其语法高级且简洁，易于学习，具备垃圾收集、动态类型检查、异常处理机制等功能。Python 拥有许多程序库模块，并广泛应用于游戏、多媒体、数学运算、视频处理、系统程序、网站网页、机器人等领域。

由于 Python 的程序代码清楚易懂，因此，程序员在开发软件时易于编写，也易于维护与修改。与 C、C++、Java 等程序语言相比，Python 的开发速度较快，相同功能的程序需要的代码行数较少。所以，使用 Python 可以提高程序员与软件工程师的生产力，在较短时间内完成较多工作。

在学习本课程时，除了利用学校实训室的计算机完成相关实训任务，还应该在个人计算机中安装 Python 软件，以方便随时进行编程练习。我们以 Windows 环境和 Python 版本为例，来学习搭建 Python 3.x 开发环境。

请按照下列步骤完成安装并进行简单操作。

步骤 1： 在个人计算机中为 Python 创建一个文件夹（如 Python396）。

步骤 2： 下载 Python 软件。我们通过 Python 官网下载 Python 软件。打开 Python 官网（https://www.python.org，见图 1.13）。

选择“Downloads”→“Windows”选项，并在右侧单击“Python 3.9.6”按钮，如图 1.14 所示，按照提示，将 Python 软件下载到指定的文件夹。

步骤 3： 下载完成后，双击 exe 程序，打开安装界面（见图 1.15）（安装完成后，如果再次单击该程序，则可以执行卸载 Python 的操作）。

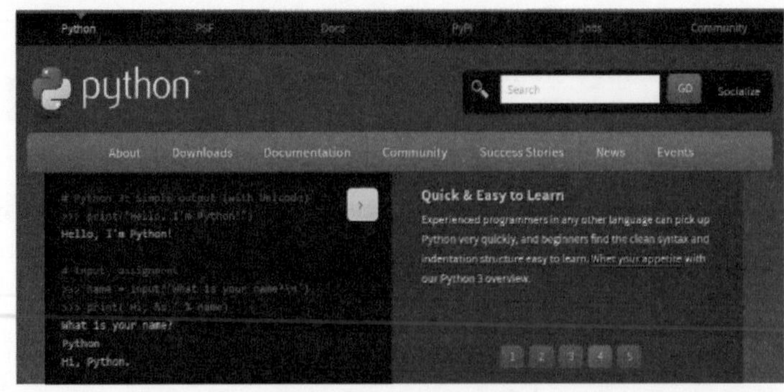

图 1.13　Python 官网

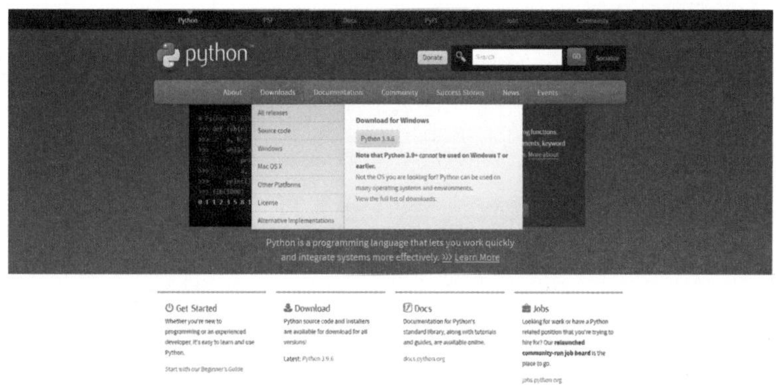

图 1.14 单击“Python 3.9.6”按钮

图 1.15 Python 安装界面

在安装 Python 时，可以勾选“Add Python 3.9 to PATH”复选框，这样可以直接添加用户变量，后续不用再添加。

用户在安装界面中可以选择默认安装或自定义安装。由于默认安装路径层次比较深，因此可以选择自定义安装。例如，将 Python 程序系统安装在“Python396”目录中，以方便用户后续查找。勾选“Install launcher for all users（recommended）”复选框，单击“Cancel”按钮，打开“Optional Features”界面，保持默认设置（见图 1.16），单击“Next”按钮，打开“Advanced Options”界面，并进行高级选项设置（见图 1.17），单击“Install”按钮，完成安装（见图 1.18）。

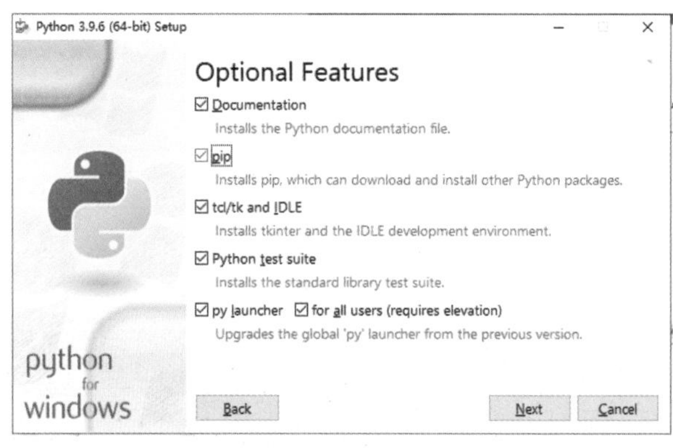

图 1.16 保持默认设置

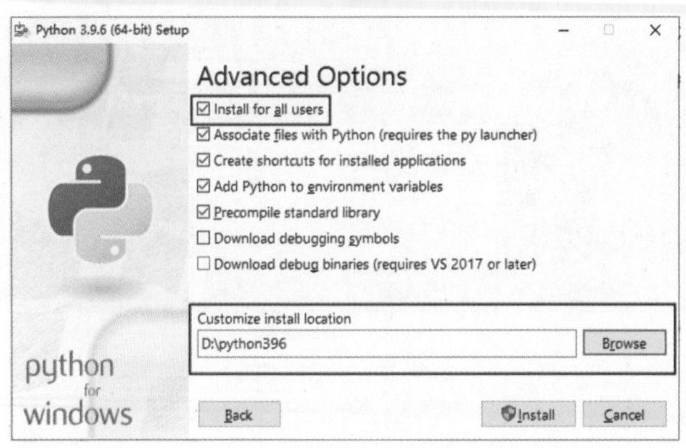

图 1.17　设置高级选项

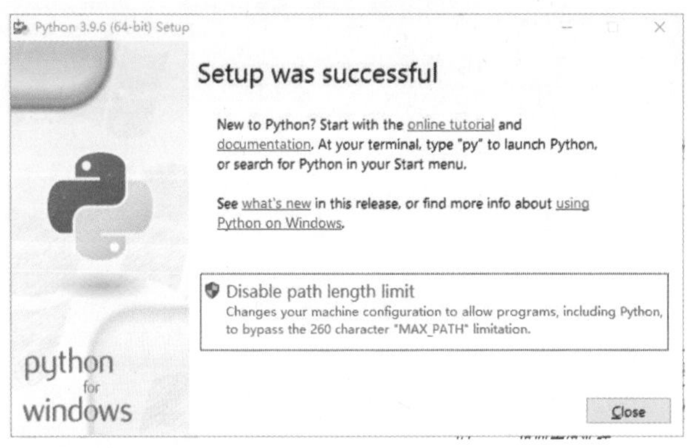

图 1.18　完成安装

步骤 4：安装成功后，在桌面上右击，在弹出的快捷菜单中选择“在此处打开 Powershell 窗口”命令（见图 1.19），打开 PowerShell 命令窗口。输入“python”命令，如果出现如图 1.20 所示的界面则表示成功安装 Python。如果想要退出 Python 运行环境，则按 Ctrl+Z 组合键。

图 1.19　选择“在此处打开 Powershell 窗口”命令

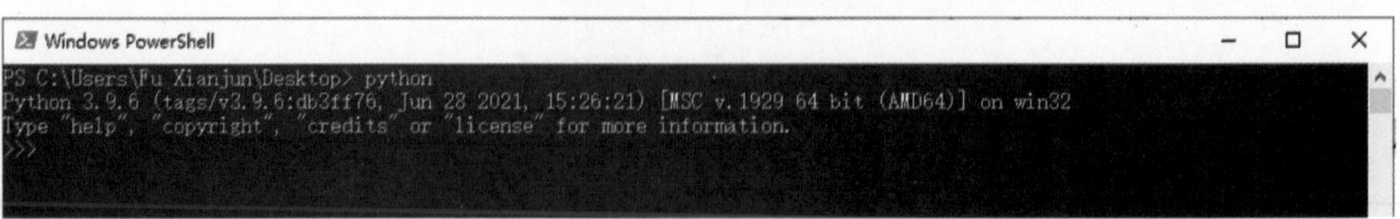

图 1.20　Python 安装成功的界面

1.2.3　Numpy 的安装与配置

Numpy（Numerical Python）是 Python 语言的一个扩展程序库，支持大量的维度数组与矩阵运算，还针对数组运算提供了大量的数学函数库。Numpy 也是一个运行速度非常快的数学库，主要用于数组计算，具有强大的 N 维数组对象 Ndarray、广播功能函数、整合 C/C++/Fortran 代码的工具、线性代数、傅里叶变换、随机数生成等功能。

Python 使用 pip 管理第三方库，如果想要安装 Numpy，则可以在 PowerShell 中输入“pip install numpy”命令。如果安装成功，则会显示“Successfully installed numpy”，如图 1.21 所示。

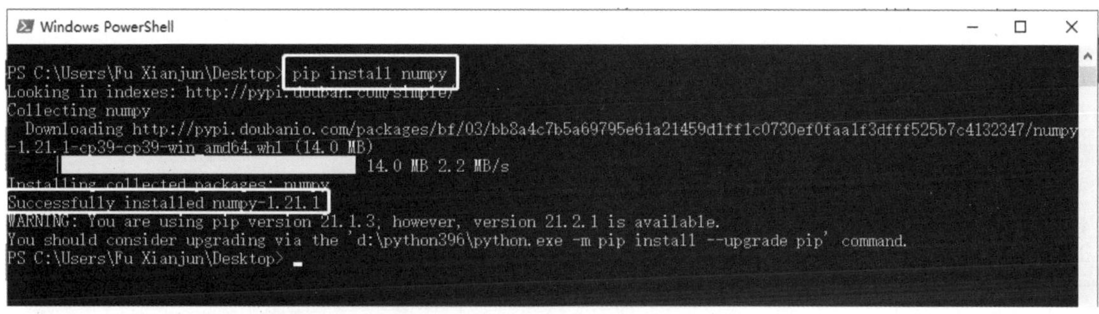

图 1.21　Numpy 安装成功的界面

1.2.4　OpenCV 库的安装与配置

如果想要安装 OpenCV 库，则可以在 PowerShell 中输入“pip install opencv-python ==4.6.0.66”命令、“pip install opencv-contrib-python==4.6.0.66”命令。

由于本书使用的 OpenCV-Python 为 4.6.0.66 版本，因此使用两个“=”来管理版本。如果安装成功，则会显示“Successfully installed opencv-contrib-python-4.6.0.66”，如图 1.22 所示。

```
C:\Windows\system32\cmd.exe
Microsoft Windows [版本 10.0.19044.1706]
(c) Microsoft Corporation。保留所有权利。

C:\Users\Fu Xianjun>pip install opencv-python==4.6.0.66
Looking in indexes: https://pypi.tuna.tsinghua.edu.cn/simple
Collecting opencv-python==4.6.0.66
  Using cached https://pypi.tuna.tsinghua.edu.cn/packages/cf/09/b24c266cd61ddeed101b90c92a26f54d060b06f4a1b102eb891576d6
e9e2/opencv_python-4.6.0.66-cp36-abi3-win_amd64.whl (35.6 MB)
Requirement already satisfied: numpy>=1.17.3 in d:\python396\lib\site-packages (from opencv-python==4.6.0.66) (1.19.3)
Installing collected packages: opencv-python
Successfully installed opencv-python-4.6.0.66
WARNING: You are using pip version 21.1.3; however, version 22.1.2 is available.
You should consider upgrading via the 'd:\python396\python.exe -m pip install --upgrade pip' command.

C:\Users\Fu Xianjun>pip install opencv-contrib-python==4.6.0.66
Looking in indexes: https://pypi.tuna.tsinghua.edu.cn/simple
Collecting opencv-contrib-python==4.6.0.66
  Using cached https://pypi.tuna.tsinghua.edu.cn/packages/63/0b/6ef1acbaa21e5245c85a42f9f0ecfaf2e7420b24615a00f0eee17032
8e6b/opencv_contrib_python-4.6.0.66-cp36-abi3-win_amd64.whl (42.5 MB)
Requirement already satisfied: numpy>=1.17.3 in d:\python396\lib\site-packages (from opencv-contrib-python==4.6.0.66) (1
.19.3)
Installing collected packages: opencv-contrib-python
Successfully installed opencv-contrib-python-4.6.0.66
WARNING: You are using pip version 21.1.3; however, version 22.1.2 is available.
You should consider upgrading via the 'd:\python396\python.exe -m pip install --upgrade pip' command.

C:\Users\Fu Xianjun>
```

图 1.22　OpenCV-Python 安装成功的界面

1.2.5　Jupyter Notebook 的安装与使用

Jupyter Notebook 是基于网页的、用于交互计算的应用程序。它可被应用于全过程计算：开发程序、文档编写、运行代码和展示结果。简而言之，Jupyter Notebook 以网页的形式打开，可以在网页的页面中直接编写代码和运行代码，代码的运行结果也会直接显示在代码块中。如果在编程过程中需要编写说明文档，则可以在同一个页面中直接编写，便于做及时说明和解释。

如果想要安装 Jupyter Notebook，则可以在 PowerShell 中输入“pip install jupyter”命令。安装成功后，如果想要使用 Jupyter Notebook，则可以在 PowerShell 中输入“jupyter notebook”命令，如图 1.23 所示，自动打开默认浏览器，启动编辑器，如图 1.24 所示。

图 1.23　调用 Jupyter Notebook 的方法

图 1.24　打开 Jupyter Notebook 的界面

如果想要创建一个 Python 环境，则选择“New”→“Python3（ipykernel）”选项（见图 1.25），即可创建一个编译环境，如图 1.26 所示。

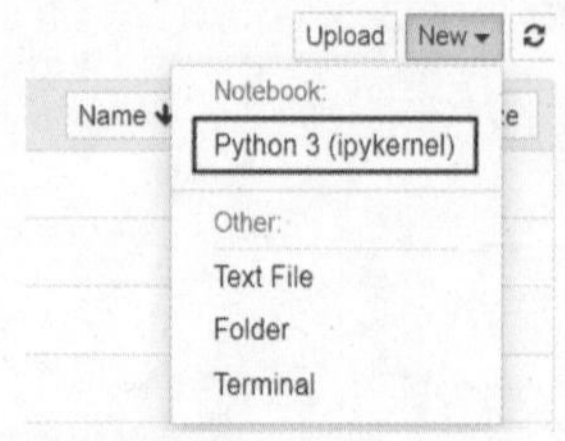

图 1.25　选择“Python 3（ipykernel）选项

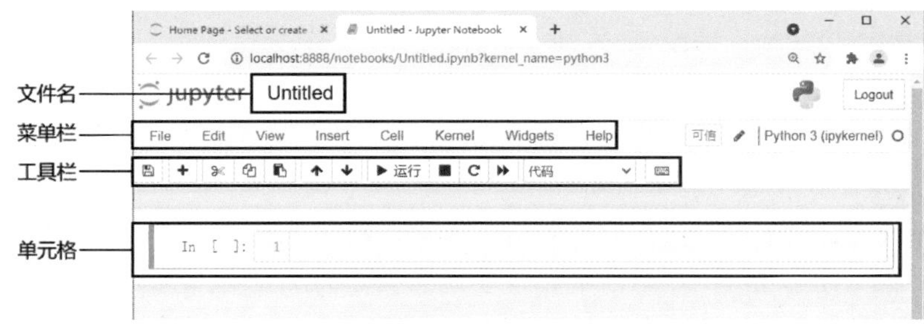

图 1.26　创建一个编译环境

1. 文件名

直接单击当前名称，打开对话框后，可以直接修改 Notebook 的名字。

2. 菜单栏

下面介绍几个经常使用的菜单命令。

- File 菜单命令及其功能说明如下。
  - New Notebook：新建一个 Notebook 文件。
  - Open：在新的页面中打开主面板。
  - Make a Copy：复制当前 Notebook 文件并生成一个新的 Notebook 文件。
  - Rename：对 Notebook 重命名。
  - Save and Checkpoint：将当前 Notebook 文件保存为一个 Checkpoint 存档点。
  - Revert to Checkpoint：将当前 Notebook 文件恢复到此前保存过的 Checkpoint 存档点。
  - Print Preview：打印预览。
  - Download as：转换为其他文件格式进行下载。
- Edit 菜单命令及其功能说明如下。
  - Cut cells：剪切单元格。
  - Copy Cells：复制单元格。
  - Paste Cells Above：在当前单元格上方复制单元格。
  - Paste Cells Below：在当前单元格下方复制单元格。
  - Paste Cells＆Replace：替换当前单元格为已复制的单元格。
  - Delete Cells：删除单元格。
  - Undo Delete Cells：撤销单元格的删除操作。
  - Split Cells：从光标位置处将当前单元格拆分为两个单元格。
  - Merge Cells Above：当前单元格与上方单元格合并。
  - Merge Cells Below：当前单元格与下方单元格合并。
  - Move Cell Up：将当前单元格上移一层。
  - Move Cell Down：将当前单元格下移一层。
  - Edit Notebook Metadata：编辑 Notebook 中的元数据。
  - Find and Replace：查找替换。
- View 菜单命令及其功能说明如下。
  - Toggle Header：隐藏/显示 Notebook 的 Logo 和名称。

- Toggle Toolbar：隐藏/显示 Notebook 的工具栏。
- Toggle Line Number：隐藏/显示单元格中代码的行数。
- Cell Toolbar：更改单元格的展示式样。

● Insert 菜单命令及其功能说明如下。

- Insert Cell Above：在当前单元格上方插入新的单元格。
- Insert Cell Below：在当前单元格下方插入新的单元格。

● Cell 菜单命令及其功能说明如下。

- Run Cells：运行单元格中的代码。
- Run Cells and Select Below：运行单元格中的代码并将光标移到下一个单元格。
- Run Cells and Insert Below：运行单元格中的代码并在其下方新建一个单元格。
- Run All：运行所有单元格中的代码。
- Run All Above：运行该单元格（含）下方所有单元格中的代码。
- Cell Type：选择单元格内容的性质。
- Current Outputs：对当前单元格的输出结果进行隐藏/显示/滚动/清除。
- All Outputs：对所有单元格的输出结果进行隐藏/显示/滚动/清除。

● Kernel 菜单命令及其功能说明如下。

- Interrupt：终端与内核连接。
- Restart：重启内核。
- Restart＆Clear Output：重启内核并清空现有输出结果。
- Restart＆Run All：重启内核并重新运行 Notebook 文件中的所有代码。
- Run All Above：运行该单元格（含）下方所有单元格中的代码。
- Reconnect：重新连接到内核。
- Shutdown：关闭内核。
- Change kernel：切换内核。

● Widgets 菜单命令及其功能说明如下。

- Save Notebook Widget State：保存 Notebook 部件状态。
- Clear Notebook Widget State：清除 Notebook 部件状态。
- Download Widget State：下载 Notebook 部件状态。
- Embed Widgets：嵌入 Notebook 部件状态。

● Help 菜单命令及其功能说明如下。

- User Interface：用户使用指南，带你全面了解 Notebook。
- Keyboard Shortcuts：快捷键大全。
- Notebook Help：Notebook 使用指南。
- Markdown：Markdown 使用指南。
- Python…pandas：各类使用指南。
- About：关于 Notebook 的一些信息。

3. 工具栏

工具栏中的按钮名称从左到右依次为保存、新建单元格、剪切单元格、复制单元格、粘贴单元格、上移单元格、下移单元格、运行代码、终止运行、重启内核、重启内核并运行所有代码、改变单元格类型、命令面板，如图 1.27 所示。

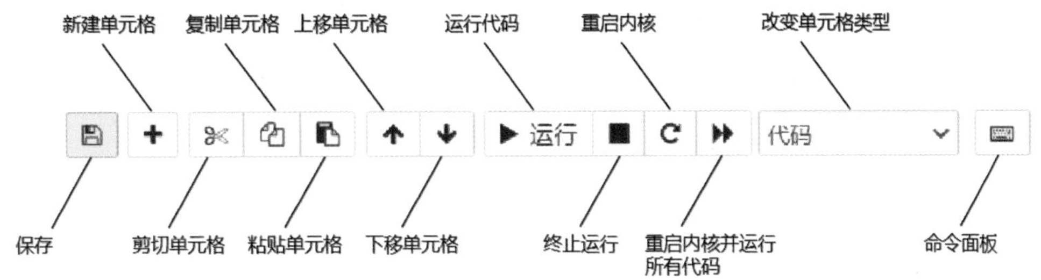

图 1.27 工具栏中的按钮名称

4. 单元格

单元格有以下 3 种类型。

- Code：编辑代码，运行后显示代码运行结果。
- Markdown：编写 Markdown 文档，运行后输出 Markdown 格式的文档。
- Raw NBConvert：普通文本，运行但不会输出结果。

单元格之间相互联系，通过在 Jupyter Notebook 中编写代码，能方便用户进行实时单元测试。

微课 在个人计算机上安装与配置 OpenCV-Python 环境

任务巩固——在个人计算机上安装与配置 OpenCV-Python 环境

我们不仅要在实训室里进行编程实训，还要掌握在个人计算机上配置 OpenCV-Python 环境的能力。环境的配置成功与否直接决定了后续学习的进度，要培养专注、认真负责、精益求精的工匠精神。

下面要求用户在个人计算机上安装与配置 OpenCV-Python 环境，并提交实训报告。

具体要求如下。

① 实训目的。

- 掌握 Python 的安装与配置方法。
- 掌握 Numpy 库的安装方法。
- 掌握 OpenCV 库的安装方法。
- 掌握 Jupyter Notebook 库的安装方法。

② 依次将安装步骤及结果截图并保存在 Word 文档中提交。

任务 3 读取图像、显示图像、保存图像

任务目标

❖ 掌握读取图像、显示图像、保存图像的基本方法。
❖ 掌握获取图像信息的函数。

任务场景

在处理图像之前，首先利用计算机读取图像，然后显示图像，最后保存处理图像后的结果。图像的读取、显示、保存是图像处理最基本的工作。本任务主要介绍这几种简单的图像

处理操作，引导用户从零开始学习 OpenCV 图像处理技术。

任务准备

1.3.1 读取图像

在 OpenCV 中，使用 cv2.imread()函数既可以实现对图像的读取，又可以实现对各种静态图像格式的读取，该函数的语法格式为：

```
src = cv2.imread(filename, [,flags] )
```

- src：表示返回图像，其值是读取到的图像对象，如果未读取到图像则返回“None”。
- filename：表示要读取图像的完整文件名。
- flags：表示读取标记，用来控制读取图像的类型。例如，在 flags 的位置输入 cv2.IMREAD_GRAYSCALE，表示读取到的为灰度图像。如果将 flags 的值设置为 0，则也可得到相同结果。flags 标记的类型及其说明如表 1.1 所示。

表 1.1 flags 标记的类型及其说明

类　型	值	说　明
cv2.IMREAD_UNCHANGED	-1	读取原始图像
cv2.IMREAD_GRAYSCALE	0	读取为单通道的灰度图
cv2.IMREAD_COLOR	1	读取为三通道的 BGR 图像（默认值）
cv2.IMREAD_ANYDEPTH	2	当读取 16 位或 32 位深度的图像时，返回对应深度图像；否则将其转换为 8 位图像。
cv2.ANYCOLOR	4	以任何可能的格式读取图像

如果想要读取 E 盘下的 lena.jpg 图像，则可以使用绝对路径读取图像。

【例 1.1】使用绝对路径读取图像。

```
import cv2                              #导入 OpenCV 库
src = cv2.imread("E:\lena.jpg")   #绝对路径读取方法
```

如果 lena.jpg 图像与代码文件在同一个路径下，则可以直接使用相对路径读取图像。

【例 1.2】使用相对路径读取图像。

```
import cv2                              #导入 OpenCV 库
src = cv2.imread("lena.jpg")      #相对路径读取方法
```

1.3.2 显示图像

在 OpenCV 中，如果想要显示图像，则需要调用多个函数。下面对其进行简单介绍。

（1）namedWindow()函数：该函数用于创建指定名称的窗口，其语法格式为：

```
cv2.namedWindow(winname)
```

其中，winname 为窗口名称，且为字符串格式。需要注意的是，由于 OpenCV 对中文支持较弱，因此应该使用英文作为窗口名称，如 cv2.namedWindow("lena")。

（2）imshow()函数：该函数用于显示图像，其语法格式为：

```
cv2.imshow(winname, mat)
```

其中，winname 为窗口名称，mat 为图像对象，如 cv2.imshow("lena", src)。

（3）waitKey()函数：该函数用于等待按键，当用户按下按键后，执行该语句并获得返回值，其语法格式为：

```
retval = cv2.waitKey([delay])
```

其中，retval 为返回值，如果没有按下按键，则返回-1；如果按下按键，则返回该键的 ASCII 码值；delay 为等待键盘触发时间，单位为毫秒。在正常使用时，我们可以通过 cv2.waitKey(0)进行窗口触发控制。

（4）destroyAllWindows()函数：该函数用于释放所有窗口，其语法格式为：

```
cv2.destroyAllWindows()
```

一般放置在代码最后用于释放窗口资源。

上述代码的联合使用可用于显示与关闭图像，具体使用方法见例 1.3。

【例 1.3】读取并显示 lena.jpg 图像。

```
import cv2                       #导入 OpenCV 库
src = cv2.imread("lena.jpg")  #读取 lena.jpg 图像
cv2.imshow("lena",src)         #显示 lena.jpg 图像
cv2.waitKey(0)                   #设置触发时间
cv2.destroyAllWindows()          #释放窗口
```

运行程序，显示如图 1.28 所示的运行结果。

图 1.28　读取并显示 lena.jpg 图像

1.3.3　保存图像

图像处理完之后要对其进行保存。OpenCV 中的 cv2.imwrite()函数用于保存图像，其语法格式为：

```
retval = cv2.imwrite(filename, img)
```

- retval：表示返回值，如果保存成功，则返回 True；如果保存失败，则返回 False。
- filename：表示要保存文件的完整路径名，包含文件的扩展名。
- img：表示要保存的图像对象。

具体使用方法见例 1.4。

【例 1.4】保存图像。

```
import cv2  #导入 OpenCV 库
src = cv2.imread(lena.jpg,1)
cv2.imwrite('lena2.jpg',src )
```

运行上述代码，可以在根目录下读取 lena.jpg 图像，并将其保存。

任务巩固——实现图像的读取、显示与保存

下面主要实现图像的自定义读取、显示与保存，在 sucai1 文件夹中存放 dcz.jpg 图像。请编写一个程序，以灰度图像形式读取并显示，最后将其保存为 dcz_gray.png 格式。

【例 1.5】灰度图像的读取、显示与保存。

```
import cv2                                                    #导入 OpenCV 库
src=cv2.imread('.\sucai1\dcz.jpg',cv2.IMREAD_GRAYSCALE)      #以灰度图像形式读取
cv2.namedWindow("dcz_gray")                                   #命名窗口
cv2.imshow("dcz_gray",src)                                    #显示图像
cv2.imwrite('.\sucai1\dcz_gray.png',src)                      #保存图像
cv2.waitKey(0)                                                #设置触发时间
cv2.destroyAllWindows()                                       #释放窗口
```

运行程序，显示如图 1.29 所示的运行结果。

图 1.29　运行结果

任务 4　图像的属性与图像像素级操作

任务目标

- ❖ 掌握图像的属性。
- ❖ 掌握图像像素访问与修改。

任务场景

在日常生活中，我们经常要对图像进行分析。图像是由一个个像素组成的。像素是构成图像的基本单位。像素处理是图像处理的基本操作，通过位置索引可以实现对图像内像素的访问处理。本任务要根据像素位置来提取感兴趣区域的物体。

任务准备

1.4.1　图像的属性

在计算机中看到一幅图像，不要将其当作图像，在人的眼里，图像其实就是一个个小格子，每个格子都有一个数值，也就是说一幅二维图像可以以二维矩阵的形式表示。格子里的

数值其实就是灰度值，对于多通道的彩色图像来说，其实就相当于多幅灰度图的叠加，只是叠加的颜色不同而已。如图 1.30 所示，一幅彩色图像可以分解为 3 个通道 B（蓝色）、G（绿色）、R（红色）。彩色图像中的每个像素点都由 3 个灰度值组合表示。

这里需要注意的是，当利用 OpenCV 读取图像时，通道顺序为 B、G、R。

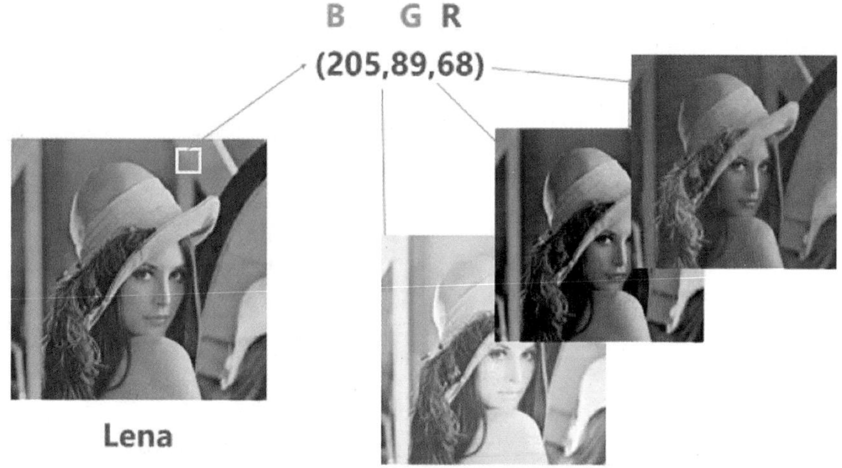

图 1.30　彩色图像的分解

我们可以通过 shape()函数来读取图像信息，如读取 lena.jpg 图像的属性。

【例 1.6】读取图像信息。

```
import cv2
src = cv2.imread(".\sucai1\lena.jpg")
print(src.shape)  #输出图像属性
```

代码运行结果为：

```
(218, 220, 3)
```

表示 lena.jpg 为长 218 像素、宽 220 像素、三通道的彩色图像。

1.4.2　图像像素级操作

图像位置信息与矩阵位置相似，左上角为坐标（0,0）点，从左到右、从上到下，其坐标值宽与高依次增加。如果想要表示高 10 个像素值，宽 20 个像素值的位置信息，则为（10,20）。

用户可以通过位置索引读取像素值，如例 1.7 所示。

【例 1.7】读取 lena.jpg 图像高 10、宽 20 位置的像素值。

```
import cv2
src = cv2.imread(".\sucai1\lena.jpg")
print(src[10,20])  #读取（10, 20）坐标处的像素值
```

代码运行结果为：

```
[106 137 228]
```

表示 lena.jpg 图像在（10,20）位置的蓝色通道灰度值为 106，绿色通道灰度值为 137，红色通道灰度值为 228。

用户也可以修改特定位置的像素值，如将高 0～20、宽 0～40 区域设置为白色，如例 1.8 所示。

【例 1.8】修改感兴趣区域的像素值。

```
import cv2
src = cv2.imread(".\sucai1\lena.jpg")
src[0:60,0:40]=(255,255,255)   #使用切片方法对像素值进行修改
cv2.imshow("lena",src)
cv2.waitKey(0)
cv2.destroyAllWindows()
```

运行程序，显示如图 1.31 所示的运行结果。

图 1.31　修改感兴趣区域的像素值

微课 提取感兴趣区域

任务演练——提取感兴趣区域

在图像处理中，我们常常会对图像的某一特定区域进行处理，这样可以减少很多干扰。这个区域被称为“感兴趣区域（Region of Interest，ROI）”。下面主要介绍提取 dcz.jpg 图像的眼镜部分感兴趣区域。

【例 1.9】提取 dcz.jpg 图像的眼镜部分感兴趣区域。

```
import cv2
src=cv2.imread('.\sucai1\dcz.jpg')
glasses = src[350:520,220:670]  #将眼镜部分感兴趣区域赋值给变量 glasses
cv2.imshow("glasses",glasses)
cv2.waitKey(0)
cv2.destroyAllWindows()
```

运行程序，显示如图 1.32 所示的运行结果。

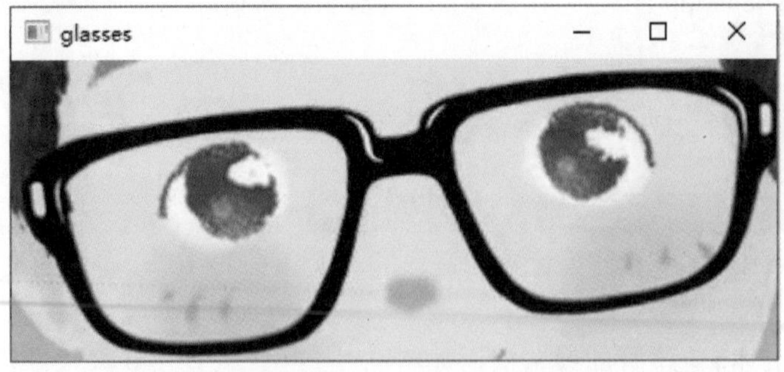

图 1.32　提取 dcz.jpg 图像的眼镜部分感兴趣区域

任务巩固——马赛克处理

在日常生活中，为了保护用户的肖像权，我们会对其关键信息进行马赛克处理。下面对 dcz.jpg 图像中的眼镜区域进行马赛克处理，效果如图 1.33 所示。

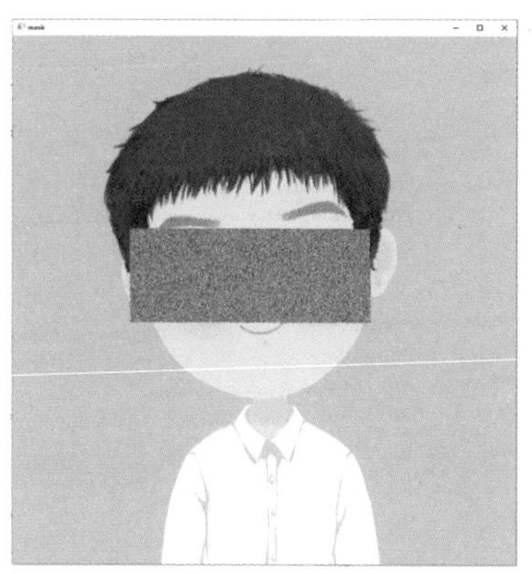

图 1.33　眼镜区域马赛克效果图

注意：Numpy 库中 np.random.randint()函数用于生成随机彩色图像。例 1.10 简单介绍了该函数的用法。使用该函数可以对眼镜区域进行马赛克处理。

【例 1.10】生成高为 100 像素，宽为 200 像素的随机彩色图像。

```
import cv2
import numpy as np
mask = np.random.randint(0,255,(100,200,3),dtype = np.uint8)
'''
0,255: 表示生成的像素值区间为 0～255
(100,200,3): 表示高为 100 像素、宽为 200 像素、通道数为 3
dtype = np.uint8: 表示生成的图像为 8 位图像
'''
cv2.imshow("mask",mask)
cv2.waitKey(0)
cv2.destroyAllWindows()
```

运行程序，显示如图 1.34 所示的运行结果。

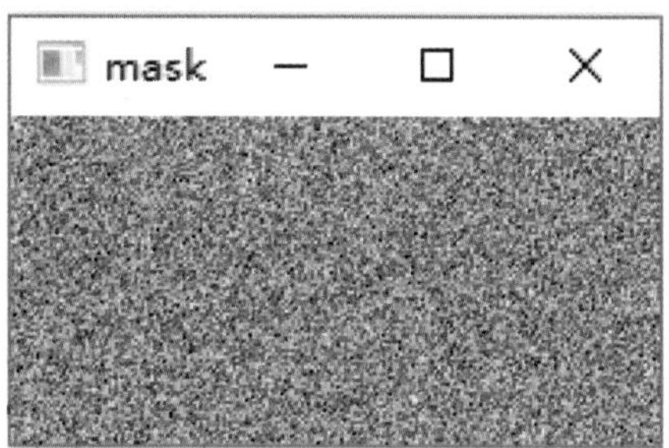

图 1.34　生成随机彩色图像

【练习】根据上述马赛克生成方法，对 dcz.jpg 图像中的眼睛部分进行马赛克处理，效果如图 1.33 所示。

项目 2

图像运算

项目介绍

图像运算是指以图像为单位进行的操作，该操作对图像中的所有像素同时进行算术运算。运算的结果是一幅灰度分布与原来参与运算图像灰度分布不同的新图像。具体的运算方法主要包括算术运算和逻辑运算，它们通过改变像素值来得到图像增强的效果。很多复杂的图像处理功能正是借助这些基础的运算来完成的。所以牢固掌握基础操作，对于更好地实现图像处理是非常有帮助的。

学习目标

- ✧ 掌握图像算术运算的概念。
- ✧ 掌握图像加减方法。
- ✧ 掌握图像加权相加方法。
- ✧ 了解图像逻辑运算应用场景。
- ✧ 掌握图像加密方法。
- ✧ 掌握面部加密及解码方法。

任务 1　图像算术运算

任务目标

- ❖ 掌握图像算术运算的概念。
- ❖ 掌握图像算术运算的基本方法。

任务场景

算术运算是指对两幅或两幅以上的输入图像中对应像素的像素值进行加、减、乘、除等运算后，将运算结果作为输出图像相应像素的像素值。本任务主要介绍图像算术运算的概念及基本方法。

任务准备

2.1.1　图像算术运算的概念

算术是数学最古老且最简单的一个分支，几乎被每个人使用，从日常生活中简单的算数到高深的科学及工商业计算都会用到。一般来说，“算术”一词是指记录数字某些运算基本性质的数学分支。常用的算术运算有加法、减法、乘法、除法。

数字图像处理中同样有加、减、乘、除等算术方法。图像的本质就是一个矩阵，其算术运算是指将两幅输入图像之间进行的点对点的加、减、乘、除运算后得到输出图像的过程，如图 2.1 所示。

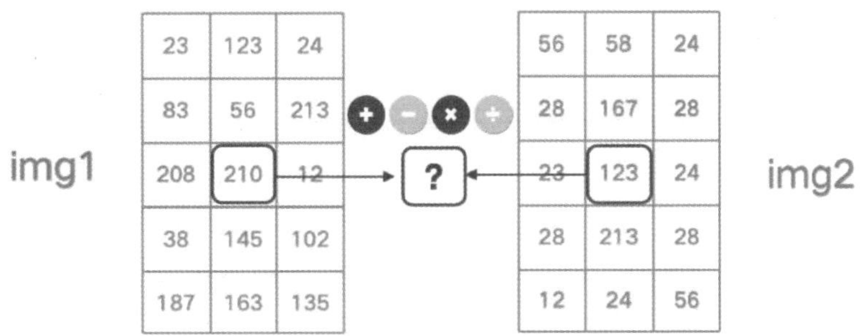

图 2.1　图像算术运算展示

2.1.2　图像加法

图像加法即对两幅输入图像对应像素的像素值进行加法运算。在编程过程中，用户可以直接使用“+”运算符对操作的两个图像对象进行连接，或者使用 OpenCV 中的 cv2.add()函数进行操作。

但上述两种方法也存在着一定区别，如一幅 8 位图像的像素值一般在[0,255]之间分布，当对像素值进行加法运算时可能存在超过 255 的情况。当使用“+”运算符时，如果值≤255，则结果等于该值；如果值>255，则会对 255 取模，如(255+58)%255=58，如图 2.2 所示。

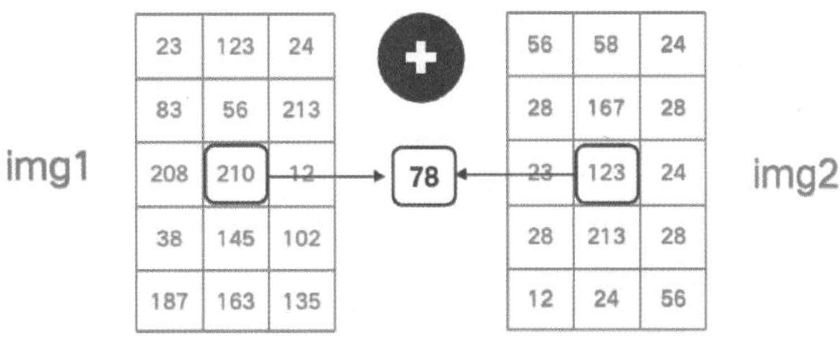

图 2.2　“+”运算符展示

当使用 cv2.add()函数时，如果值≤255，则结果等于该值；如果值＞255，则值取 255，如图 2.3 所示。

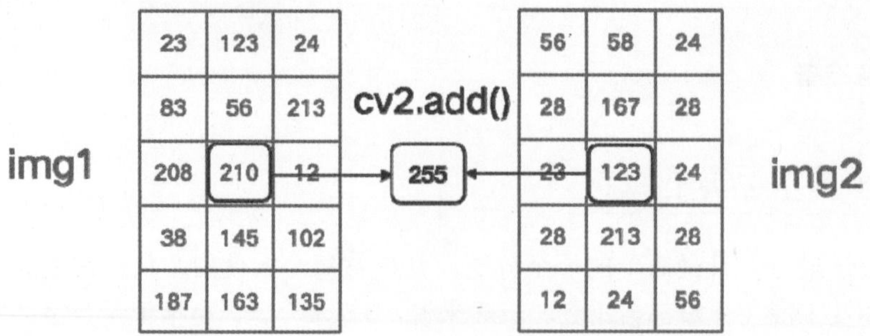

图 2.3　cv2.add()函数展示

其函数的语法格式为：

```
dst = cv2.add(img1, img2)
```

- dst：结果图像。
- img1：操作图像 1。
- img2：操作图像 2。

2.1.3　图像减法

图像减法即对两幅输入图像对应像素的像素值进行减法运算。在编程过程中，用户可以使用 OpenCV 中的 cv2.subtract()函数进行操作。当使用 cv2.subtract()函数时，如果值≥255，则结果等于该值；如果值<0，则该值取 0，如图 2.4 所示。

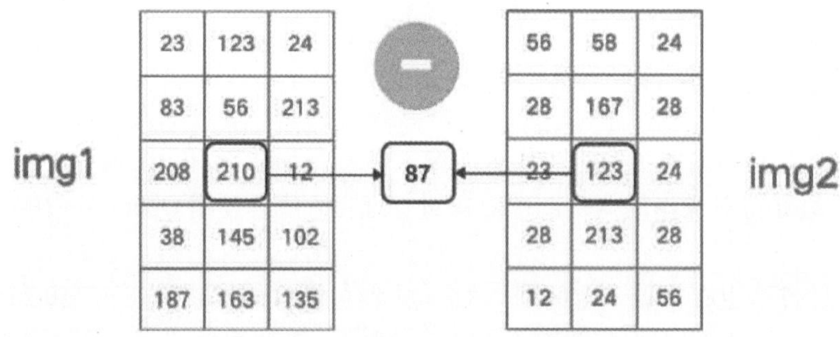

图 2.4　cv2.subtract()函数展示

其函数的语法格式为：

```
dst = cv2.subtract(img1, img2)
```

- dst：结果图像。
- img1：操作图像 1。
- img2：操作图像 2。

任务演练——图像基本算术运算操作

微课　图像基本算术运算操作

下面通过介绍几种常见的图像算术运算案例，帮助大家更好地理解如何根据不同场景应用图像算术运算解决实际问题。

【例 2.1】“+”运算符的应用。

使用“+”运算符可以直接连接两幅图像，具体代码如下：

```
import cv2                                  #导入 OpenCV 库
img1 = cv2.imread("LinuxLogo.jpg")          #读取 LinuxLogo.jpg 图像
img2 = cv2.imread("WindowsLogo.jpg")        #读取 WindowsLogo.jpg 图像
# "+" 运算符操作
img3 = img1+img2
#显示图像
cv2.imshow("img1",img1)
cv2.imshow("img2",img2)
cv2.imshow("add",img3)
cv2.waitKey(0)
cv2.destroyAllWindows()
```

运行程序，显示如图 2.5 所示的运行结果。因为“+”运算符的操作结果会对相加结果大于 255 的像素值进行取模，所以 LinuxLogo.jpg 图像仅呈现轮廓结果。

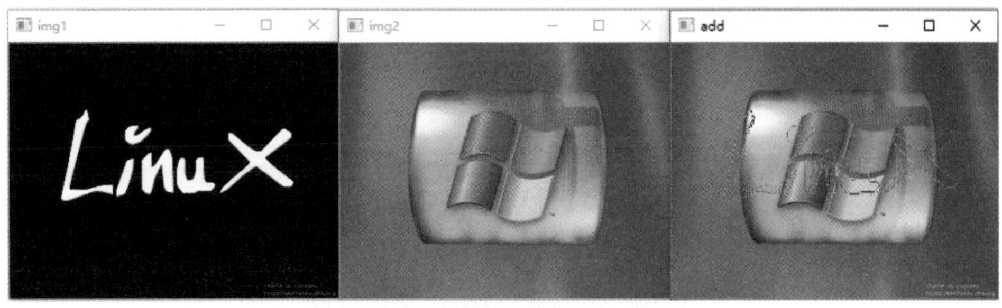

图 2.5　“+”运算符的操作结果

【例 2.2】cv2.add()函数的应用。

使用 cv2.add()函数可以通过参数传递将两幅图像连接，具体代码如下：

```
import cv2                                  #导入 OpenCV 库
def add_demo(m1, m2):                       #定义一个图像加法函数，方便调用与显示
    dst = cv2.add(m1, m2)
    cv2.imshow("add_demo", dst)
img1 = cv2.imread("LinuxLogo.jpg")          #读取 LinuxLogo.jpg 图像
img2 = cv2.imread("WindowsLogo.jpg")        #读取 WindowsLogo.jpg 图像
add_demo(img1, img2)                        #调用图像加法函数
cv2.waitKey(0)
cv2.destroyAllWindows()
```

运行程序，显示如图 2.6 所示的运行结果。因为 cv2.add()函数的操作结果会对相加结果大于 255 的像素值取饱和值，所以 LinuxLogo 图像仅呈现完整结果。

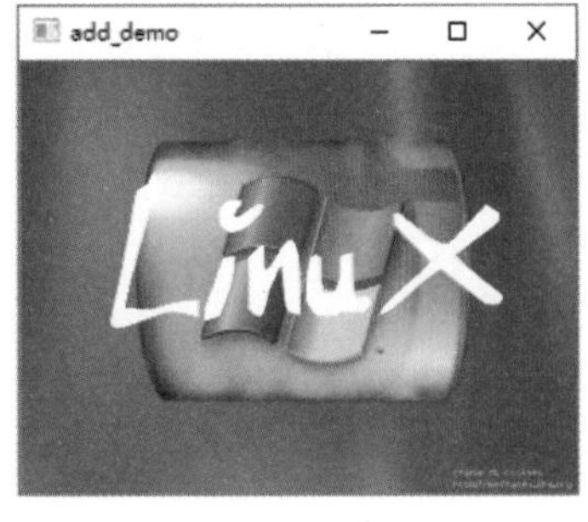

图 2.6　cv2.add()函数的操作结果

【例 2.3】cv2.subtract()函数的应用。

使用 cv2.subtract()函数可以通过参数传递将两幅图像相减，具体代码如下：

```
import cv2                                          #导入 OpenCV 库
def subtract_demo(m1, m2):                          #定义一个图像减法函数，方便调用与显示
    dst = cv2.subtract(m1, m2)
    cv2.imshow("subtract_demo", dst)
img1 = cv2.imread("LinuxLogo.jpg")                  #读取 LinuxLogo.jpg 图像
img2 = cv2.imread("WindowsLogo.jpg")                #读取 WindowsLogo.jpg 图像
subtract_demo(img1, img2)                           #调用图像减法函数
cv2.waitKey(0)
cv2.destroyAllWindows()
```

运行程序，显示如图 2.7 所示的运行结果。因为 cv2.subtract()函数的操作结果会对相减结果小 0 的像素值取零值，所以 LinuxLogo.jpg 图像仅呈现白色区域内结果。

图 2.7　cv2.subtract()函数的操作结果

任务探究——图像加法探究

由任务演练可知，同样是图像加法操作，利用“+”运算符与 cv2.add()函数会得到不同的结果。下面对 dcz.jpg 图像进行操作，对比“+”运算符与 cv2.add()函数的运算结果，探究并简述其原因。

图像加法探究效果如图 2.8 所示。

图 2.8　图像加法探究效果图

记录：请记录“图像加法探究”的主要观点，并在课堂上简单阐述该观点。

任务 2 图像淡入淡出效果

任务目标

❖ 掌握图像加权相加方法。

❖ 掌握图像淡入淡出显示方法。

任务场景

我们在电影院中经常看到一幅图片淡入淡出地实现转场效果，使用图像加权相加的方法可以很方便地实现该动态显示效果。本任务主要介绍图像淡入淡出效果的实现方法。

任务准备

图像加权和就是在计算两幅图像的像素值之和时，对每个像素值进行不同比例分配，从而得到不同的效果。当对图像进行加权相加时，该图像的尺寸大小和类型必须相同。为了方便用户理解，这里利用代码对具体像素值操作进行阐述。

```
dst(x,y) = srcl(x,y)*α+ srcl(x,y)*β + γ
```

其中，dst(x,y)为像素值运算结果；srcl(x,y)、srcl(x,y)为两幅图像(x,y)对应的像素值；α、β 为对应系数，其正常和为 1，分别表示两个像素值所占比例：γ 为加权值，其值可以是 0。

OpenCV 中的 cv2.addWeighted()函数用于实现图像的加权相加，该函数的语法格式为：

```
dst=cv2.addWeighted(srcl,alpha,src2,beta, gamma)
```

该函数的具体参数意义与公式一一对应。

任务演练——图像加权相加操作

下面通过展示图像加权相加操作，帮助用户理解其基本用法。

【例 2.4】两幅图像加权混合。

使用 cv2.addWeighted()函数对两幅图像进行加权混合，具体代码如下：

```
import cv2                                          #导入 OpenCV 库
img1 = cv2.imread("LinuxLogo.jpg")                  #读取 LinuxLogo.jpg 图像
img2 = cv2.imread("WindowsLogo.jpg")                #读取 WindowsLogo.jpg 图像
c = 0.4
dst = cv2.addWeighted(img1, c, img2, 1-c, 0)        #图像加权混合
cv2.imshow("img1", img1)
cv2.imshow("img2", img2)
cv2.imshow("dst", dst)
cv2.waitKey(0)
cv2.destroyAllWindows()
```

运行程序，显示如图 2.9 所示的运行结果。此时 LinuxLogo.jpg 图像的权重为 0.4，WindowsLogo.jpg 图像的权重为 0.6，运行结果呈现出叠加混合效果。

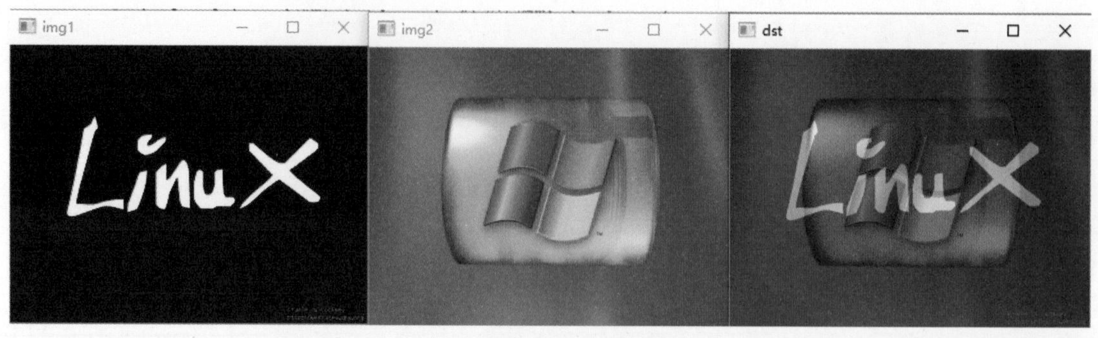

图 2.9　图像加权混合效果图

任务巩固——实现图像淡入淡出效果

微课 实现图像淡入淡出效果

由任务演练可知，通过 cv2.addWeighted()函数可以对图像进行混合叠加。下面结合 Python 循环结构及图像加权相加方法，即可轻松实现图像淡入淡出效果。

【例 2.5】实现图像淡入淡出效果。

```
import cv2                                      #导入 OpenCV 库
img1 = cv2.imread("dcz.jpg")                    #读取 dcz.jpg 图像
img2 = cv2.imread("bg1.jpg")                    #读取 bg1.jpg 图像
a = 0                                           #设置初始权值
dst=cv2.addWeighted(img1,a,img2,1-a,-1)         #设置初始加权结果
while a < 1.0:                                  #设置循环终止条件
    dst = cv2.addWeighted(img1,a,img2,1-a,-1.0)#设置加权条件
    cv2.imshow('result',dst)
    cv2.waitKey(100)
    a += 0.02                                   #设置权值更新条件
cv2.waitKey(0)
cv2.destroyAllWindows()
```

自动运行程序，并得到最终运行结果。

任务 3　图像逻辑运算

任务目标

❖ 掌握图像逻辑运算基本方法。
❖ 了解图像逻辑运算应用场景。

任务场景

逻辑运算又被称为“布尔运算”。图像的逻辑运算主要应用于图像增强、图像识别、图像复原和区域分割等领域。与代数运算不同，逻辑运算既关注图像像素点的数值变化，又重视位变换的情况。OpenCV 提供了一些逻辑运算函数，如按位与、按位或、按位异或、按位取反等。本任务主要介绍逻辑运算的原理与基本方法，以求在未来的工作中，能根据具体场景选择不同的逻辑运算方法进行图像分析。

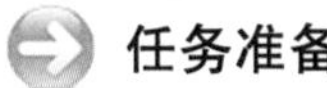

任务准备

2.3.1　按位与运算

在与运算中，当运算的两个逻辑值都是真时，结果才为真。其逻辑关系可以类比如图 2.10 所示的串联电路，只有当两个开关都闭合时，灯才会亮。

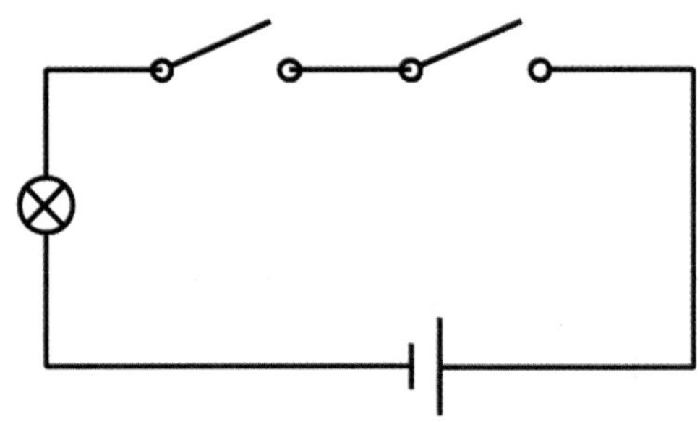

图 2.10　串联电路图

根据图 2.10 中的串联电路图，与运算共有 4 种情况，如表 2.1 所示。

表 2.1　与运算结果

算子 1	算子 2	结　果	规　则
0	0	0	and(0,0) = 0
0	1	0	and(0,1) = 0
1	0	0	and(1,0) = 0
1	1	1	and(1,1) = 1

按位与运算是指将数值转换为二进制数之后，在对应位置上进行与运算。表 2.2 展示了两个数值进行按位与运算的示例。

表 2.2　按位与运算示例

像　素	十进制数	二进制数
f1(x,y)	198	1100 0110
f2(x,y)	219	1101 1011
按位与运算结果	194	1100 0010

OpenCV 中的 cv2.bitwise_and()函数用于实现图像的按位与运算，该函数的语法格式为：

```
dst = cv2.bitwise_and(src1,src2[,mask])
```

- dst：表示返回图像，其值表示与输入值具有相同大小的数组输出值。
- src1、src2：表示要输入的图像，两幅图像应为相同类型与大小。
- mask：表示可选操作掩码，8 位单通道数组。

可以构造一幅掩膜图像 M，掩膜图像 M 中只有两个值：一个是数值 0，另一个是数值 255。对该掩膜图像 M 与一幅灰度图像 G 进行按位与运算，在得到的结果图像 R 中与掩膜图像 M 中的数值 255 对应位置上的值，来源于灰度图像 G。与掩膜图像 M 中的数值 0 对应位置上的值为零（黑色）。

按位与运算具有如下特点。

- 对任何数值 N 与数值 0 进行按位与运算，都会得到数值 0。
- 对任何数值 N（这里仅考虑 8 位值）与数值 255（8 位二进制数是 11111111）进行按位与运算，都会得到数值 N 本身。

2.3.2 按位或运算

或运算的规则是，当参与或运算的两个算子中有一个为真时，结果才为真，其逻辑关系可以类比如图 2.11 所示的并联电路图，当两个开关中只要有任何一个闭合时，灯就会亮。

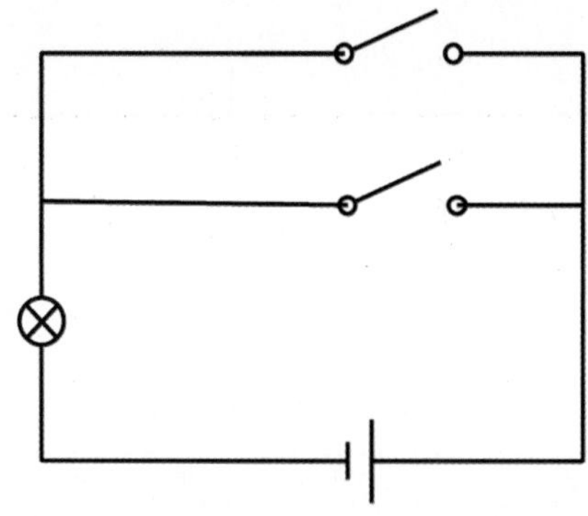

图 2.11 并联电路图

根据图 2.11 中的并联电路图，或运算共有 4 种情况，如表 2.3 所示。

表 2.3 或运算结果

算子 1	算子 2	结　果	规　则
0	0	0	or(0,0) = 0
0	1	0	or(0,1) = 1
1	0	0	or(1,0) = 1
1	1	1	or(1,1) = 1

按位或运算是指将数值转换为二进制数之后，在对应位置上进行或运算。表 2.4 展示了两个数值进行按位或运算的示例。

表 2.4 按位或运算示例

像　素	十进制数	二进制数
f1(x,y)	198	1100 0110
f2(x,y)	219	1101 1011
按位或运算结果	223	1101 1111

OpenCV 中的 cv2.bitwise_or()函数用于实现图像的按位或运算，该函数的语法格式为：

```
dst = cv2.bitwise_or(src1,src2[,mask])
```

- dst：表示返回图像，其值表示与输入值具有相同大小的数组输出值。

- src1、src2：表示要输入的图像，两幅图像应为相同类型与大小。
- mask：表示可选操作掩码，8 位单通道数组。

2.3.3　按位非运算

非运算是取反操作，满足如下逻辑。非运算共有两种情况，当算子为真时，结果为假；当算子为假时，结果为真，如表 2.5 所示。

表 2.5　非运算结果

算　子	结　果	规　则
0	1	not(0) = 1
1	0	not(1) = 0

按位非运算是指将数值转换为二进制数后，在对应的位置上进行非运算。表 2.6 展示了按位非运算的示例。

表 2.6　按位非运算示例

像　素	十进制数	二进制数
f(x,y)	198	1100 0110
按位非运算结果	57	0011 1001

OpenCV 中的 cv2.bitwise_not()函数用于实现图像的按位非运算，该函数的语法格式为：

```
dst = cv2.bitwise_not(src[,mask])
```

- dst ：表示返回图像，其值表示与输入值具有相同大小的数组输出值。
- src：表示要输入的图像。
- mask：表示可选操作掩码，8 位单通道数组。

2.3.4　按位异或运算

异或运算又被称为“半加运算”，其运算法则与不带进位的二进制加法类似，其英文为“exclusive OR”，因此其函数常表示为“xor”。

表 2.7 对参与异或运算的算子的不同情况进行了说明，其中“xor”表示异或运算。

表 2.7　异或运算结果

算子 1	算子 2	结　果	规　则
0	0	0	xor(0,0) = 0
0	1	1	xor(0,1) = 1
1	0	1	xor(1,0) = 1
1	1	0	xor(1,1) = 0

按位异或运算是指将数值转换为二进制数后，在对应的位置进行异或运算。表 2.8 展示了两个数值进行按位异或运算的示例。

表 2.8　按位异或运算示例

像　　素	十进制数	二进制数
f1(x,y)	198	1100 0110
f2(x,y)	219	1101 1011
按位异或运算结果	29	0001 1101

OpenCV 中的函数 cv2.bitwise_xor()函数用于实现图像的按位异或运算，该函数的语法格式为：

```
dst = cv2.bitwise_xor(src1,src2[,mask])
```

- dst：表示返回图像，其值表示与输入值具有相同大小的数组输出值。
- src1、src2：表示要输入的图像，两幅图像应为相同类型与大小。
- mask：表示可选操作掩码，8 位单通道数组。

微课 实现简单的逻辑运算

任务演练——实现简单的逻辑运算

下面主要通过两个简单的几何图形实现逻辑运算，帮助用户理解不同运算的作用。

【例 2.6】按位与运算的应用。

```
import cv2                                        #导入 OpenCV 库
Rectangle = cv2.imread("Rectangle.jpg")           #读取 Rectangle.jpg 图像
Circle = cv2.imread("Circle.jpg")                 #读取 Circle.jpg 图像
and_img = cv2.bitwise_and(Rectangle,Circle)       #执行按位与运算
cv2.imshow("Rectangle",Rectangle)
cv2.imshow("Circle",Circle)
cv2.imshow("and_img",and_img)
cv2.waitKey(0)
cv2.destroyAllWindows()
```

运行程序，显示如图 2.12 所示的运行结果。简单来说，当两幅图像中像素均为白色时，结果为白色，否则为黑色，呈现重叠位置为白色的运算结果。

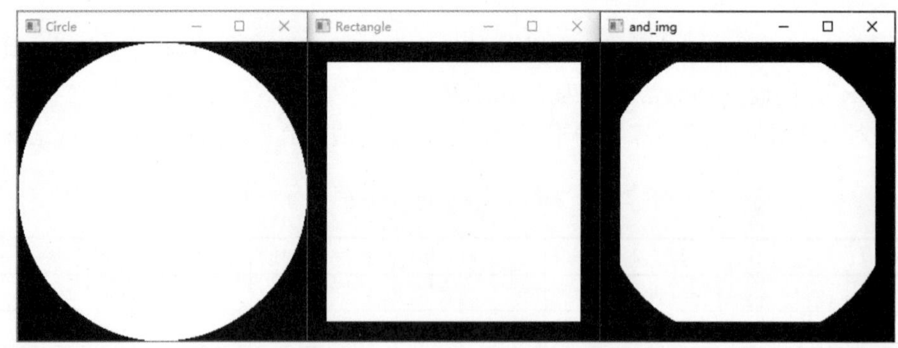

图 2.12　按位与运算结果

【例 2.7】按位或运算的应用。

```
import cv2                                      #导入 OpenCV 库
Rectangle = cv2.imread("Rectangle.jpg")         #读取 Rectangle.jpg 图像
Circle = cv2.imread("Circle.jpg")               #读取 Circle.jpg 图像
or_img = cv2.bitwise_or(Rectangle,Circle)       #执行按位或运算
```

```
cv2.imshow("Rectangle",Rectangle)
cv2.imshow("Circle",Circle)
cv2.imshow("or_img",or_img)
cv2.waitKey(0)
cv2.destroyAllWindows()
```

运行程序，显示如图 2.13 所示的运行结果。简单来说，当两幅图像中有一幅图像的像素为白色时，结果为白色。

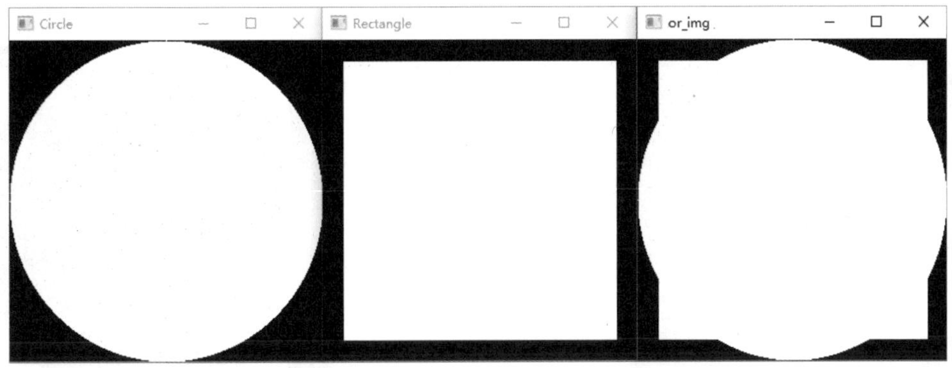

图 2.13　按位或运算结果

【例 2.8】按位非运算的应用。

```
import cv2                                      #导入 OpenCV 库
Rectangle = cv2.imread("Rectangle.jpg")         #读取 Rectangle.jpg 图像
not_img = cv2.bitwise_not(Rectangle)            #执行按位非运算
cv2.imshow("Rectangle",Rectangle)
cv2.imshow("not_img",not_img)
cv2.waitKey(0)
cv2.destroyAllWindows()
```

运行程序，显示如图 2.14 所示的运行结果。简单来说，当图像中像素为白色时，结果为黑色。

图 2.14　按位非运算结果

【例 2.9】按位异或运算的应用。

```
import cv2                                          #导入 OpenCV 库
Rectangle = cv2.imread("Rectangle.jpg")             #读取 Rectangle.jpg 图像
Circle = cv2.imread("Circle.jpg")                   #读取 Circle.jpg 图像
xor_img = cv2.bitwise_xor(Rectangle,Circle)         #执行按位异或运算
```

```
cv2.imshow("Rectangle",Rectangle)
cv2.imshow("Circle",Circle)
cv2.imshow("xor_img",xor_img)
cv2.waitKey(0)
cv2.destroyAllWindows()
```

运行程序，显示如图 2.15 所示的运行结果。简单来说，当两幅图像中的像素均为白色时，结果为黑色；当两幅图像中的像素均为黑色时，结果为白色。

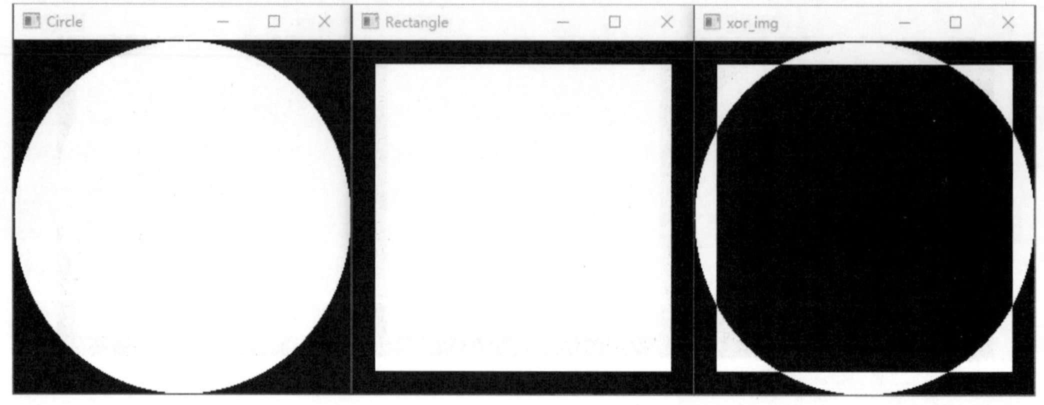

图 2.15　按位异或运算结果

任务巩固——组合变换

以下有两种基于 LinuxLogo.jpg 与 WindowsLogo.jpg 进行的逻辑运算结果，判断并补全分别属于哪种逻辑运算，如图 2.16 所示。

（a）________　　　　（b）________

图 2.16　组合变换

任务 4　面部加密及解码

任务目标

❖ 掌握图像加密方法。

❖ 掌握面部加密及解码方法。

任务场景

随着计算机与互联网技术的快速发展，以及大数据的崛起，网络传输信息量与速度不断提高。在数据传输过程中却很少有人关注安全问题，为了防止数据在传输过程中被他人拦截、盗取和破坏，可以通过对图像进行加密在一定程度上保证数据安全性。本任务主要介绍通过按位异或运算实现面部的加密与解密。

任务准备

图像加密与解密使用的是按位异或运算，一真一假方为真，全真全假皆为假。

例如，3 和 5 进行按位异或运算，3 的二进制数为 11，5 的二进制数为 101，按位异或运算之后得到的二进制数为 110，换算成十进制数为 6。那么 3、5、6 这 3 个数字，对任意两个数进行按位异或运算都可以得到另一个数。

对于图像加密，我们可以先生成一个密钥图像，通过 np.random.randint()函数生成一个随机二维矩阵，并使用 img.shape 获取原始图像大小。由于密钥图像是随机生成的，因此几乎很难去破解。具体代码如下：

```
#生成密钥图像
key = np.random.randint(0,256,img.shape,dtype=np.uint8)
```

对原始图像与密钥图像进行按位异或运算即可实现图像加密。同样，如果要进行解密，则对加密后的图像与密钥图像进行按位异或运算即可实现解密。

微课　实现图像加密与解密操作

任务演练——实现图像加密与解密操作

下面主要通过介绍图像加密与解密操作，帮助用户理解简单的图像加密与解密过程。

【例 2.10】图像加密的应用。

```
import cv2
import numpy as np
#读取图像
img = cv2.imread('dcz.jpg')
#生成密钥图像
key = np.random.randint(0,256,img.shape,dtype=np.uint8)
#加密
secret = cv2.bitwise_xor(img,key)
#显示图像
cv2.imshow('img',img)
cv2.imshow('secret',secret)
#对加密图像及密钥进行保存
cv2.imwrite('secret.png',secret)
cv2.imwrite('key.png',key)
cv2.waitKey(0)
cv2.destroyAllWindows()
```

运行程序，显示如图 2.17 所示的运行结果。需要注意的是，将加密后的图像保存为“.png”无损格式，否则会有所损失。

图 2.17　图像加密效果图

【例 2.11】图像解密的应用。

```
import cv2
import numpy as np
#读取加密后的图像
secret = cv2.imread('secret.png')
#读取密钥图像
key = cv2.imread('key.png')
#解密
truth = cv2.bitwise_xor(secret,key)
#显示图像
cv2.imshow('secret',secret)
cv2.imshow('truth',truth)
cv2.waitKey(0)
cv2.destroyAllWindows()
```

运行程序，显示如图 2.18 所示的运行结果。可以看到，图像被无损解密了。以后只要保存好密钥图像，即可安全地传输图像。

图 2.18　图像解密效果图

任务巩固——面部加密与解码

为了保护个人隐私，用户经常会用到面部加密功能。面部加密与解码是使用像素点进行按位运算的综合应用。下面主要对面部加密及解码的功能进行讲解，效果如图 2.19 所示。

微课 面部加密与解码

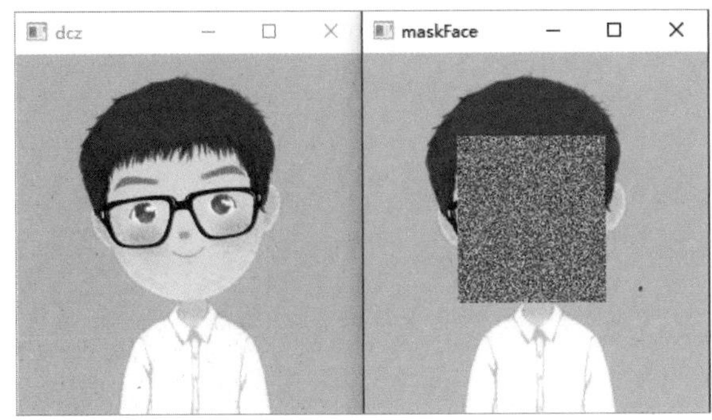

图 2.19　面部加密与解码效果图

【例 2.12】面部区域掩膜。

```
import cv2
import numpy as np
dcz=cv2.imread("dcz.jpg")
r,c,h=dcz.shape
mask=np.zeros((r,c,h),dtype=np.uint8)
mask[60:180,70:180]=255        #获取面部区域位置信息，并将其设置为白色
cv2.imshow("dcz",dcz)
cv2.imshow("mask",mask)
cv2.waitKey(0)
cv2.destroyAllWindows()
```

运行程序，显示如图 2.20 所示的运行结果。

图 2.20　面部区域掩膜效果图

在获取面部区域掩膜后，我们进一步将掩膜制作成一个密钥，并对面部区域进行加密。

【例 2.13】面部区域加密。

```
key=np.random.randint(0,256,size=dcz.shape,dtype=np.uint8) # 获取密钥
dczXorKey=cv2.bitwise_xor(dcz,key)                          # 对原始图像进行加密
encryptFace=cv2.bitwise_and(dczXorKey,mask)                 # 获取加密图像的脸部信息
cv2.imshow("dczXorKey",dczXorKey)
cv2.imshow("encryptFace",encryptFace)
cv2.waitKey(0)
cv2.destroyAllWindows()
```

运行程序，显示如图 2.21 所示的运行结果。

图 2.21　面部区域加密效果图

我们需要将加密后的面部区域叠加到原始图像中。这里先通过将面部区域置 0，再与面部加密结果相加的方式进行叠加。

【例 2.14】叠加到原始图像。

```
noFace1=cv2.bitwise_and(dcz,255-mask)      # 将原始图像的面部区域置 0
maskFace=encryptFace+noFace1               # 获取加密的原始图像
cv2.imshow("noFace1",noFace1)
cv2.imshow("maskFace",maskFace)
cv2.waitKey(0)
cv2.destroyAllWindows()
```

运行程序，显示如图 2.22 所示的运行结果。

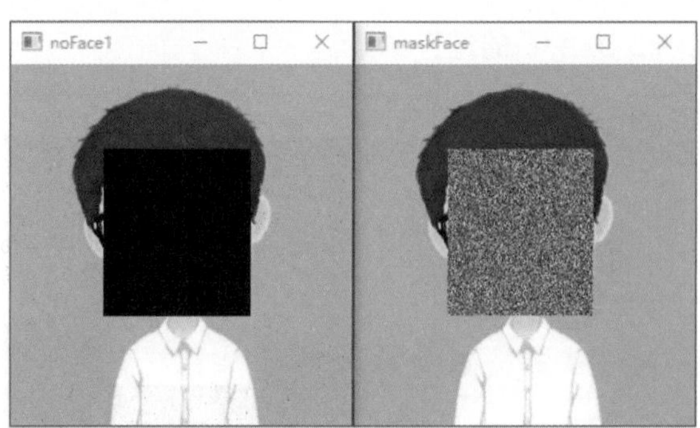

图 2.22　面部区域加密效果图

【练习】根据前面所学知识，对面部加密结果进行解码还原。

项目 3

色彩空间与几何变换

项目介绍

色彩空间又被称为“颜色空间”“彩色空间”等。每个色彩空间都有自己擅长的处理领域，为了更方便地处理某个具体问题，就要用到色彩空间类型转换。

几何变换是指将一幅图像映射到另一幅图像内。通过几何变换可以实现图像缩放、翻转、仿射变换、透视等操作。

学习目标

- ✧ 掌握色彩空间的概念。
- ✧ 掌握色彩空间的相互转换方法。
- ✧ 掌握 HSV 色调及对应颜色。
- ✧ 掌握 cv2.inRange()函数的作用。
- ✧ 掌握提取指定颜色物体的方法。
- ✧ 掌握几何变化的概念。
- ✧ 掌握图像的缩放、翻转、平移、旋转操作。
- ✧ 掌握图像几何矫正的方法。

任务 1　图像类型转换

任务目标

- ❖ 掌握色彩空间的概念。
- ❖ 掌握常见的图像类型转换方法。

任务场景

人们在生活中接触最多的就是 RGB 色彩空间，除此之外还有一些其他的色彩空间，比较常见的包括 GRAY 色彩空间（灰度图）、HSV 色彩空间、YCrCb 色彩空间、HLS 色彩空间等。每个色彩空间都有其擅长的处理领域。用户通过对色彩空间的类型转换，可以更方便地处理特定问题。

例如，在使用 OpenCV 进行阈值变换、特征提取、距离计算时，需要先将 RGB 色彩空间转换为 GRAY 色彩空间再进行图像处理；而 HSV 色彩空间在指定颜色分割时，有较大的作用，往往在将 RGB 色彩空间转换为 HSV 色彩空间时要进行简单的颜色分割。

任务准备

3.1.1 RGB 色彩空间

RGB 色彩空间是生活中常用的一个模型，如电视机、显示器等电子设备都采用了这种模型。自然界中的任何一种颜色都可以由红、绿、蓝 3 种色光混合而成。

RGB 色彩空间又被称为“三基色模式”。通常用（0,0,0）～（255,255,255）表示。RGB 色彩空间使用红、绿、蓝三原色的亮度来定量表示颜色，是以 RGB 三色光互相叠加来实现混色的方式。红、绿、蓝 3 种颜色所占比例不同，得到的颜色就不同。变换混合的比例，就会得到各种各样的混合效果。RGB 色彩空间可以看作三维直角坐标系中的一个单位正方体。任何一种颜色在 RGB 色彩空间中都可以用三维空间中的一个点来表示。在 RGB 色彩空间中，任意色光 F 都可以用 RGB 三种颜色不同分量的相加混合而成，即 $F=r[R]+g[G]+b[B]$。

图 3.1 所示为三维坐标模型。

- 将 RGB 颜色模型映射到一个立方体上。
- 水平的 x 轴代表红色，红色通道值向左增加。y 轴代表蓝色，蓝色通道值向右下方向增加。竖直的 z 轴代表绿色，绿色通道值向上增加。
- 原点代表黑色，遮挡在立方体背面。

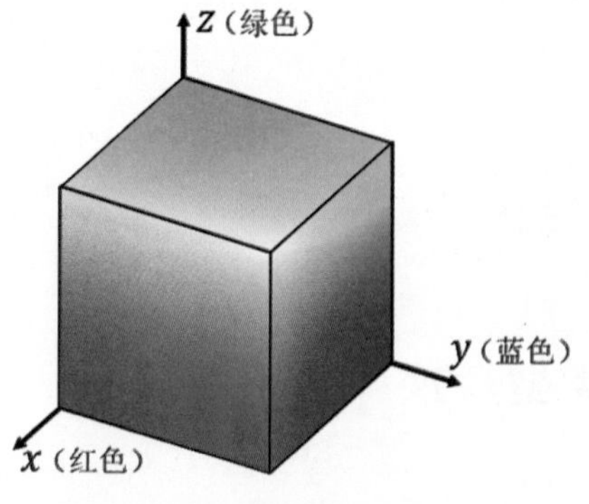

图 3.1　RGB 三维坐标模型

如果将 RGB 立方体的 3 个完全饱和面展开并摊平到一个二维平面上，则可以得到如图 3.2 所示的图像，可以使用户更直观地了解 RGB 值。

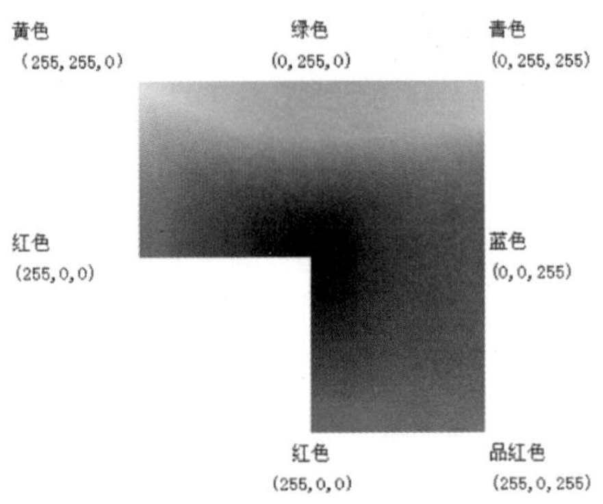

图 3.2　RGB 立方体二维展开模型

3.1.2　GRAY 色彩空间

GRAY 色彩空间（灰度图像）通常指 8 位灰度图，具有 256 个灰度级，像素值的范围为 [0,255]。灰度色是指纯白、纯黑，以及两者中的一系列从黑到白的过渡色。

灰度化顾名思义就是将图像变为灰色。在 OpenCV 中，用户可以使用 cv2.cvtColor()函数对图像进行灰度化，但这里并不使用该函数，而是采用以下计算公式来完成。

$$Gray = 0.2126 \times R + 0.7152 \times G + 0.0722 \times B$$

有时，也可以对 3 个通道值求一个平均值作为灰度值，采用如下计算公式来完成。

$$Gray = R \times 1/3 + G \times 1/3 + B \times 1/3$$

但转换过程是不可逆的，当图像从 GRAY 色彩空间转换为 RGB 色彩空间时，所有通道的值都是相同的，即 R=Gray、G=Gray、B=Gray。

3.1.3　HSV 色彩空间

RGB 是从硬件的角度提出的颜色模型，在与人眼匹配的过程中可能存在一定的差异。HSV（Hue Saturation Value）是根据颜色的直观特性创建的一种色彩空间，又被称为“六角锥体模型”（见图 3.3）。这个模型中颜色的参数分别是色调（H）、饱和度（S）、明度（V）。

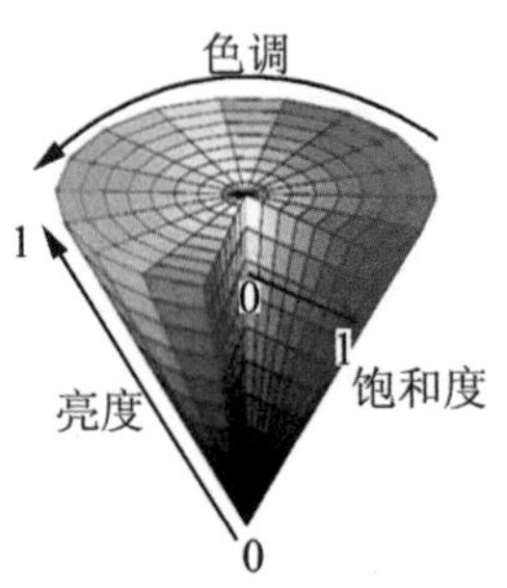

图 3.3　HSV 六角锥体模型

- 色调（H）：表示光的颜色。色调与混合光谱中的主要光波长相关，如“赤、橙、黄、绿、青、蓝、紫”分别表示不同的色调。如果用角度度量，取值范围为 0°～360°，从红色开始按逆时针方向计算，红色为 0°、绿色为 120°、蓝色为 240°、它们的补色分别是黄色为 60°、青色为 180°、紫色为 300°。

- 饱和度（S）：表示颜色接近光谱色的程度。一种颜色可以看成某种光谱色与白色混合的结果。其中，光谱色所占的比例越大，颜色接近光谱色的程度就愈高，颜色的饱和度也就越高。当饱和度高时，颜色深而艳。光谱色的白光成分为 0，饱和度达到最高，通常取值范围为[0,1]，值越大，颜色越饱和。
- 明度（V）：表示颜色明亮的程度，对于光源色，明度值与发光体的光亮度有关。对于物体色，此值和物体的透射比或反射比有关。通常取值范围为[0,1]。

HSV 模型的三维表示从 RGB 立方体演化而来。设想从 RGB 沿立方体对角线的白色顶点向黑色顶点观察，就可以看到立方体的六边形外形。六边形边界表示色彩，水平轴表示纯度，明度沿垂直轴测量。

3.1.4 图像类型转换函数

在 OpenCV 中，用户可以使用 cv2.cvtColor()函数对色彩空间进行相互转换。该函数的语法格式为：

```
dst = cv2.cvtColor( src, code, [, dstcn] )
```

- dst：表示结果图像，与原始输入图像具有相同的数据类型和深度。
- src：表示原始输入图像。可以为 8 位无符号图像、16 位无符号图像，或者单精度浮点数等。
- code：表示色彩空间的转换模式，如表 3.1 所示。
- dstcn：表示目标图像的通道数，默认值为 0，可省略该参数，表示通道数自动通过原始输入图像和 code 得到。

表 3.1 色彩空间的转换模式

类 型	描 述
cv2.COLOR_RGB2BGR	RGB 色彩空间 -> BGR 色彩空间
cv2.COLOR_BGR2RGB	BGR 色彩空间 ->RGB 色彩空间
cv2.COLOR_BGR2GRAY	BGR 色彩空间 ->GRAY 色彩空间
cv2.COLOR_GRAY2BGR	GRAY 色彩空间 -> BGR 色彩空间
cv2.COLOR_BGR2HSV	BGR 色彩空间 ->HSV 色彩空间
cv2.COLOR_HSV2BGR	HSV 色彩空间 ->BGR 色彩空间

任务演练——实现色彩空间转换

下面通过介绍几种常见的色彩空间转换案例，帮助大家更好地理解如何应用 cv2.cvtColor()函数进行色彩空间转换。

【例 3.1】将 BGR 图像转换为 RGB 图像。

```
import cv2                                          #导入 OpenCV 库
#读取 pig.jpg 图像，OpenCV 默认读取的图像色彩空间为 BGR
img=cv2.imread("pig.jpg")
rgb = cv2.cvtColor(img, cv2.COLOR_BGR2RGB) #图像类型转换函数
cv2.imshow("BGR",img)                               #显示 BGR 色彩空间图像
cv2.imshow("RGB",rgb)                               #显示 RGB 色彩空间图像
cv2.waitKey(0)
```

微课 实现色彩空间转换

```
cv2.destroyAllWindows()
```

运行程序，显示如图 3.4 所示的运行结果。

图 3.4　将 BGR 图像转换为 RGB 图像的运行结果

【例 3.2】将 BGR 图像转换为 GRAY 图像。

```
import cv2
img=cv2.imread("pig.jpg")
gray = cv2.cvtColor(img, cv2.COLOR_BGR2GRAY)
#打印图像
print(f"BGR 图像的 shape 为{img.shape}")
print(f"GRAY 图像的 shape 为{gray.shape}")
#显示图像
cv2.imshow("BGR",img)
cv2.imshow("GRAY",gray)
cv2.waitKey(0)
cv2.destroyAllWindows()
```

运行程序，会显示各个图像的 shape 属性：

```
BGR 图像的 shape 为(500, 500, 3)
GRAY 图像的 shape 为(500, 500)
```

可见将 BGR 图像转换为 GRAY 图像之后，图像通道由三通道转换为单通道。同时，程序分别显示原始图像与灰度图像，如图 3.5 所示。

图 3.5　将 BGR 图像转换为 GRAY 图像的运行结果

【练习】将 GRAY 图像转换为 BGR 图像，并解释运行结果。

任务巩固——将图像从 BGR 模式转换为 HSV 模式

下面将图像从 BGR 模式转换为 HSV 模式，并将运行结果与代码保存上交。

运行程序，显示如图 3.6 所示的运行结果。

图 3.6　将图像从 BGR 模式转换为 HSV 模式的运行结果

任务 2　提取指定颜色的物体

任务目标

❖ 掌握 HSV 色调及对应颜色。
❖ 掌握 cv2.inRange()函数的作用。
❖ 掌握提取指定颜色物体的方法。

任务场景

由于 RGB 色彩空间过于抽象，因此我们不能直接通过它的值感知具体的颜色。HSV 色彩空间提供了更直观的方式让人们来感知颜色。我们可以通过 HSV 的色调、饱和度和亮度来提取指定颜色。

任务准备

3.2.1　HSV 色彩空间的进阶知识

1．色调（H）

在 HSV 色彩空间中，色调（H）的取值范围为[0,360]。在 OpenCV 中，用户可以直接把色调的角度值除以 2，得到[0,180]之间的值，以适应 8 位二进制数（256 个灰度级）的存储和表示范围。

在 HSV 色彩空间中，色调值为 0°表示为红色、色调值为 300°表示品红色，将其除以 2 之后，具体如表 3.2 所示。

表 3.2　映射后的色调值及对应颜色

色调值	颜　色
0°	红色
30°	黄色
60°	绿色
90°	青色
120°	蓝色
150	品红色

确定值的范围之后，就可以直接在图像的 H 通道中查找对应的值，从而找到指定的颜色。例如，在 HSV 图像中，H 通道值为 120 的像素点对应蓝色。查找通道内值为 120 的像素点，即可找到蓝色像素点。

2. 饱和度（S）

通过 3.1.3 节可知，饱和度的取值范围为[0,1]，进行色彩空间转换后，为适应 8 位图的 256 个像素级，需要将新色彩空间内的数值映射到[0,255]范围内。饱和度越高，显示的图像越鲜艳。需要说明的是，在灰度图像中，R、G、B 三个通道的值是相等的，相当于一种极不饱和的颜色。所以灰度颜色的饱和度为 0。

3. 亮度（V）

通过 3.1.3 节可知，亮度值的取值范围为[0,1]，同样需要将新色彩空间内的数值映射到[0,255]范围内。亮度值越大，图像越亮；亮度值越小，图像越暗。当亮度值为 0 时，图像是纯黑色的。

4. HSV 颜色值对照表

一般，用户都是在 HSV 色彩空间中对图像进行有效处理的，对于基本色中对应的 HSV 分量需要给定一个严格的范围。表 3.3 是通过实验计算的模糊范围。可根据锁定特定值实现指定颜色的提取。

表 3.3　HSV 颜色值对照表

	黑	灰	白	红		橙	黄	绿	青	蓝	紫
hmin	0	0	0	0	156	11	26	35	78	100	125
hmax	180	180	180	10	180	25	34	77	99	124	155
smin	0	0	0	43		43	43	43	43	43	43
smax	255	43	30	255		255	255	255	255	255	255
vmin	0	46	221	46		46	46	46	46	46	46
vmax	46	220	255	255		255	255	255	255	255	255

3.2.2　标记指定颜色

用户可以通过 cv2.inRange()函数判断图像内像素点的像素值是否在指定的范围内，从而锁定特定值。该函数的语法格式为：

```
dst = cv2.inRange(src, lowerb, upperb)
```

- dst：表示结果图像，与原始输入图像具有相同的数据类型和深度。
- src：表示原始输入图像。
- lowerb：表示范围下界。
- upperb：表示范围上界。

任务演练——单寸照换背景

微课 单寸照换背景

我们经常需要对指定颜色的物体进行处理，如对单寸照的背景进行颜色替换，以适应不同的场景要求；对指定颜色的印花进行提取，以满足工业上的需求。下面对单寸照的背景颜色进行提取，并将其替换成其他颜色返回原图。单寸照换背景效果如图 3.7 所示。

图 3.7　单寸照换背景效果图

【例 3.3】提取单寸照背景。

对应“表 3.3 HSV 颜色值对照表”，原单寸照背景介于青蓝之间，因此选取青色 hmin=78、蓝色 hmax=124，其余值的两种颜色一致，依次定义 lowerb_hsv 与 upperb_hsv，其中 lowerb_hsv 的值为(hmin, smin, vmin)，upperb_hsv 的值为(hmax, smax, vmax)，具体代码如下：

```
import cv2                                          #导入 OpenCV 库
import numpy as np
img=cv2.imread("dcz.jpg")                           #读取 dcz.jpg 图像
cv2.imshow("SRC",img)
hsv = cv2.cvtColor(img, cv2.COLOR_BGR2HSV)          #图像类型转换函数
lowerb_hsv = np.array([78,43,46])                   #要识别的颜色的下限
upperb_hsv = np.array([124,255,255])                #要识别的颜色的上限
mask = cv2.inRange(hsv, lowerb_hsv, upperb_hsv)#通过 cv2.inRange()函数锁定指定颜色值
cv2.imshow("MASK",mask)
blue = cv2.bitwise_and(img,img,mask=mask)#对 mask 和原始图像进行按位与运算，提取背景
cv2.imshow("BLUE",blue)
cv2.waitKey(0)
cv2.destroyAllWindows()
```

运行程序，显示如图 3.8 所示的运行结果。

图 3.8　提取单寸照背景的运行结果

【例 3.4】替换单寸照背景。

在 Python 环境下，对于 OpenCV 数据替换非常方便，可以直接对 img 进行局部值判定。由于已经获得了 mask 图像，其中背景为大于 0 的值，人像部分为黑色，即为 0，且 mask 与原始输入图像大小相等，通过判定 mask 中大于 0 的值并将其替换为想要替换的像素值，即可完成操作，具体代码如下：

```
import cv2                                          #导入 OpenCV 库
import numpy as np
img=cv2.imread("dcz.jpg")                           #读取 dcz.jpg 图像
cv2.imshow("src",img)
hsv = cv2.cvtColor(img, cv2.COLOR_BGR2HSV)          #图像类型转换函数
lowerb_hsv = np.array([78,43,46])                   #要识别的颜色的下限
upperb_hsv = np.array([124,255,255])                #要识别的颜色的上限
mask = cv2.inRange(hsv, lowerb_hsv, upperb_hsv)#通过 cv2.inRange()函数锁定指定颜色值
cv2.imshow("MASK",mask)
img[mask>0]=(255,255,255)
cv2.imshow("dst",img)
cv2.waitKey(0)
cv2.destroyAllWindows()
```

运行程序，显示如图 3.9 所示的运行结果。本实例的背景被替换为白色，如果想要将背景替换为其他颜色，则可以将值更改为(255,255,255)。

图 3.9　单寸照替换背景的运行结果

任务巩固——实现图像怀旧特效

我们在生活中经常使用美图软件进行修图，实际上也是对各种颜色分量进行处理。例如，怀旧特效是在 RGB 色彩空间中根据公式实现的。

$$R = 0.393 \times r + 0.769 \times g + 0.189 \times b$$
$$G = 0.349 \times r + 0.686 \times g + 0.168 \times b$$
$$B = 0.272 \times r + 0.534 \times g + 0.131 \times b$$

下面对 dcz.jpg 图像使用上述公式进行处理，并将运行结果与代码保存上交，效果如图 3.10 所示。

图 3.10　图像怀旧特效效果图

任务 3　简单的几何变换

任务目标

- ❖ 掌握图像几何变换的概念。
- ❖ 掌握图像的缩放、翻转、平移、旋转操作。

任务场景

包含相同内容的两幅图像可能由于成像角度、透视关系及镜头自身原因所造成的几何失真而呈现出截然不同的外观，这就给观测者或图像识别程序带来了困扰。通过适当的几何变换可以最大限度地消除这些几何失真所产生的负面影响，有利于我们在后续的处理和识别工作中将注意力集中于子图像内容本身，更确切地说是图像中的对象，而不是该对象的角度和位置等。

因此，几何变换经常作为其他图像处理应用的预处理步骤，是图像归一化的核心工作之一。

任务准备

3.3.1　缩放图像

在日常工作中，我们经常需要对图像进行缩放（放大、缩小）、旋转和平移等各种操作，这类操作统称为“图像的几何变换”。相对于前文提到的色彩空间变换，几何变换是改变了原图像像素点在新图像中的空间位置。

缩小图像[下采样（subsampled）或降采样（downsampled）]的主要目的有两个：第一个，使图像符合显示区域的大小；第二个，生成对应图像的缩略图。

放大图像[上采样（upsampling）或图像插值（interpolating）]的主要目的是放大原图像，从而可以显示在更高分辨率的显示器上。对图像的缩放操作并不能带来更多关于该图像的信息，因此图像的质量将不可避免地受到影响。但是有一些缩放方法能够增加图像的信息，从而使缩放后的图像质量超过原图的质量。

在 OpenCV 中，用户可以使用 cv2.resize()函数对图像进行缩放操作。该函数的语法格式为：

```
dst = cv2.resize(src, dsize[, fx[, fy[, interpolation ]]])
```

- dst：表示结果图像，与原始输入图像具有相同的数据类型和深度。其大小为 dsize 的值（当该值非 0 时），或者可以通过 src.size()、fx、fy 计算得到。
- src：表示原始输入图像。
- dsize：表示输出图像的大小。
- fx：表示水平方向的缩放比例。
- fy：表示垂直方向的缩放比例。
- interpolation：表示要采用的插值方法，默认为双线性插值法。插值方法的类型及其说明如表 3.4 所示。

表 3.4　插值方法的类型及其说明

类　型	说　明
cv2.INTER_NEAREST	最临近插值：这是最简单的一种插值方法，不需要计算，在待求像素的 4 个相邻像素中，将距离待求像素最近的相邻像素值赋给待求像素
cv2.INTER_LINEAR	双线性插值：利用待求像素 4 个相邻像素的像素值在两个方向上做线性内插计算。该方法比最邻近插值方法复杂，计算量较大，但没有灰度不连续的缺点，结果基本令人满意。它具有低通滤波性质，使高频分量受损，图像轮廓可能会有一点模糊
cv2.INTER_CUBIC	三次样条插值：利用三次多项式 S(x)求解逼近理论上最佳插值函数。三次样条插值方法计算量较大，但插值后的图像效果最好
cv2.INTER_AREA	区域插值：根据当前像素点周边区域的像素实现当前像素点的采样，该方法类似最临近插值方法

注意：当缩小图像时，使用区域插值方法（cv2.INTER_AREA）能够得到最好的图像效果；当放大图像时，使用三次样条插值方法（cv2.INTER_CUBIC）或双线性插值方法（cv2.INTER_LINEAR）能够得到较好的图像效果。最临近插值（cv2.INTER_NEAREST）是最快的计算方法。用户可根据实际情况选用具体方法。

用户可以通过参数“dsize”或“fx、fy”来调节缩放后的结果图像大小，具体方法如下。

- 方法一：通过参数“dsize”调节。

如果指定了参数“dsize”，则无论是否指定了参数“fx、fy”，都由参数“dsize”来确定结果图像的大小。

参数“dsize”可以书写为 dsize = (x, y)，其中 x 为结果图像的宽度，y 为结果图像的高度。

- 方法二：通过参数“fx、fy”调节。

如果将参数“dsize”的值设置为 None，则结果图像的大小可以通过参数“fx、fy”来调节，可直接对其进行赋值使用。

3.3.2 翻转图像

在 OpenCV 中，用户可以使用 cv2.flip()函数对图像进行翻转操作。该函数能够实现图像在水平方向、垂直方向、两个方向同时翻转，其语法格式为：

```
dst = cv2.flip(src, flipCode)
```

- dst：表示结果图像，与 src 具有相同的数据类型和深度。
- src：表示原始输入图像。
- flipCode：表示翻转类型，参数值及其作用如表 3.5 所示。

表 3.5　翻转类型的参数值及其作用

参 数 值	作　用
>0	水平翻转
=0	垂直翻转
<0	水平和垂直同时翻转

3.3.3 平移图像

图像的平移和翻转又被称为“仿射变换”，该变换能够保持图像的平直性与平行性，即保证图像经过仿射变换后，直线仍然是直线，平行线仍然是平行线。

OpenCV 中的仿射变换函数为 cv2.warpAffine()，是通过构造一个变换矩阵 M 来实现变换的，其语法格式为：

```
dst = cv2.warpAffine(src, M, dsize[, flags[, borderMode[, borderValue]]])
```

- dst：表示结果图像，与原始输入图像具有相同的数据类型和深度。
- src：表示原始输入图像。
- M：表示变换矩阵，反映平移或翻转的关系，为一个 2×3 的矩阵。
- dsize：表示输出图像的大小。
- flags：表示插值方法，如表 3.4 所示。
- borderMode：边界像素模式，默认值为 cv2.BORDER_CONSTANT。
- borderValue：边界填充值，默认值为 0。

当忽略可选参数时，该函数可简化为：

```
dst = cv2.warpAffine( src, M, dsize )
```

当想要对图像进行平移时，将原始输入图像向右侧移动 x 个像素、向下移动 y 个像素，构造变换矩阵为：

$$\boldsymbol{M}=\begin{bmatrix}1 & 0 & x\\ 0 & 1 & y\end{bmatrix}$$

即变换矩阵 M 为：

```
M = np.float32([[1,0,x],[0,1,y]])
```

3.3.4 旋转图像

在 OpenCV 中，当使用 cv2.warpAffine()函数对图像进行旋转操作时，需要通过 cv2.getRotationMatrix2D()函数来获取变换矩阵，其语法格式为：

```
M = cv2.getRotationMatrix2D( center, angle, scale )
```

- M：表示要构造的变换矩阵。
- center：表示旋转中心。
- angle：表示旋转角度，正数表示逆时针旋转，负数表示顺时针旋转。
- scale：表示变换尺度，即缩放大小。

任务演练——实现简单的几何变换

微课 实现简单的几何变换

几何变换是指将一幅图像映射到另外一幅图像内的操作。下面主要介绍缩放图像、翻转图像、平移图像和旋转图像的方法。

【例 3.5】缩放图像。

```
import cv2
import numpy as np
img=cv2.imread("dcz.jpg")
rows,cols = img.shape[:2]                          #获取图像的宽度和高度
#第一种缩放方式
size1 = (int(rows*0.9),int(cols*0.8))              #高度变成0.9倍，宽度变成0.8倍
img_resize1 = cv2.resize(img,size1)
#第二种缩放方式
img_resize2 = cv2.resize(img,None,fx=2,fy=1.5)
cv2.imshow("src",img)
cv2.imshow("RESIZE1",img_resize1)
cv2.imshow("RESIZE2",img_resize2)
cv2.waitKey(0)
cv2.destroyAllWindows()
```

运行程序，显示如图 3.11 所示的运行结果。

图 3.11 缩放图像的运行结果

【练习】图像插值，使用 cv2.INTER_CUBIC 与 cv2.INTER_LINEAR 对图像进行放大操作。

【例 3.6】翻转图像。

```
import cv2
import numpy as np
img=cv2.imread("dcz.jpg")
rows,cols = img.shape[:2]                        #获取图像的宽度和高度
cv2.imshow("img",img)
img_flip1=cv2.flip(img,0)                        #沿 x 轴翻转图像
cv2.imshow("FLIP1",img_flip1)
cv2.waitKey(0)
cv2.destroyAllWindows()
```

运行程序，显示如图 3.12 所示的运行结果。

图 3.12　翻转图像的运行结果

【练习】将参数 flipCode 的值修改为（-1,1），并解释其作用。

【例 3.7】平移图像。

```
import cv2
import numpy as np
img=cv2.imread("dcz.jpg")
rows,cols = img.shape[:2]                        #获取图像的宽度和高度
cv2.imshow("img",img)
x = 100
y = 200
M = np.float32([[1,0,x],[0,1,y]])                #构造变换矩阵
img_move=cv2.warpAffine(img,M,(cols,rows))       #平移操作，注意（cols,rows）参数的设置
cv2.imshow("MOVE",img_move)
cv2.waitKey(0)
cv2.destroyAllWindows()
```

运行程序，显示如图 3.13 所示的运行结果。

图 3.13　平移图像的运行结果

【例 3.8】旋转图像。

```
import cv2
import numpy as np
img=cv2.imread("dcz.jpg")
height,width= img.shape[:2]                                     #获取图像的宽度和高度
cv2.imshow("img",img)
M = cv2.getRotationMatrix2D((width/2, height/2), 45, 0.6)      #构造变换矩阵
img_rotate=cv2.warpAffine(img,M,(width, height))               #平移操作
cv2.imshow("ROTATE",img_rotate)
cv2.waitKey(0)
cv2.destroyAllWindows()
```

运行程序，显示如图 3.14 所示的运行结果。

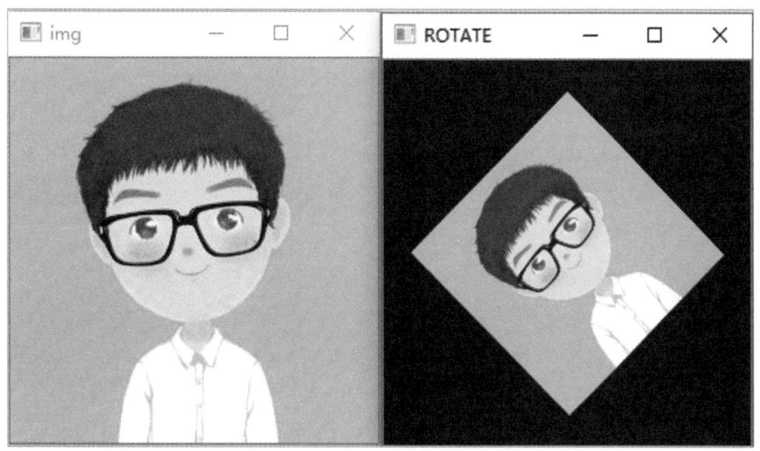

图 3.14　旋转图像的运行结果

任务巩固——组合变换

下面对 dcz.jpg 图像进行组合变换。首先将图像围绕图像中心顺时针旋转 30°，将高度、宽度都缩放为原始图像大小的 3/4；然后将图像沿 y 轴翻转，最后将图像向左平移 50 个像素点，向上平移 20 个像素点，并将运行结果与代码保存上交，效果如图 3.15 所示。

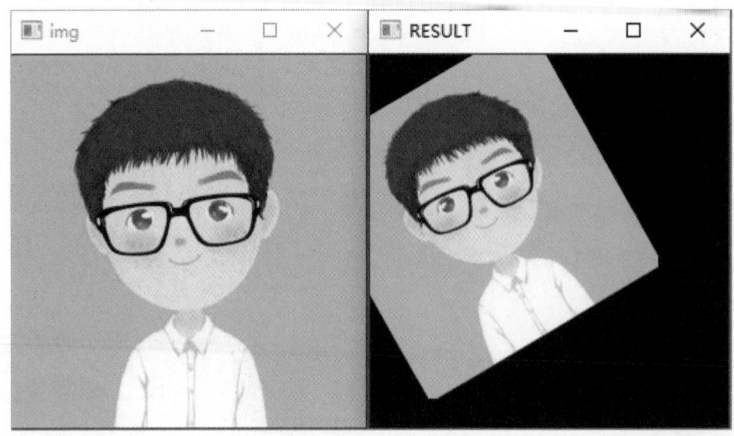

图 3.15　组合变换效果图

任务 4　图像几何矫正

任务目标

❖ 掌握图像透视变换的原理。
❖ 掌握图像几何矫正的方法。

任务场景

拍摄者不可能总会拍摄出完美的照片，这就需要通过后期图像处理技术将图像还原，才能进行后面的处理工作。在图像处理领域中，我们会频繁进行图像矫正操作，如文本矫正、车牌矫正、身份证矫正等。本任务主要通过透视变换，实现图像的矫正。

任务准备

透视变换（Perspective Transformation）是将图像投影到一个新的视平面（Viewing Plane），又被称为“投影映射（Projective Mapping）”。放射变换可以将矩形映射为任意平行四边形，而透视变换则可以将矩形映射为任意四边形。

用户可以使用 cv2.warpPerspective()函数对图像进行透视变换操作，其语法格式为：

```
    dst = cv2.warpPerspective(src, M, dsize[, dst[, flags[, borderMode[,
borderValue]]]])
```

- dst：表示结果图像，与原始输入图像具有相同的数据类型和深度。
- src：表示原始输入图像。
- M：表示一个 3×3 的变换矩阵。
- dsize：表示输出图像的大小。
- flags：表示插值方法，如表 3.4 所示。
- borderMode：边界像素模式，默认值为 cv2.BORDER_CONSTANT。
- borderValue：边界填充值，默认值为 0。

当忽略可选参数时，函数可简化为：

```
    dst = cv2.warpPerspective( src, M, dsize )
```

与仿射变换一样，同样可以使用一个函数来生成所需的变换矩阵 M，该函数为 cv2.getPerspectiveTransform()，其语法格式为：

```
cv2.getPerspectiveTransform(pst_o, pts_d)
```

- pts_o：表示原始图像的 4 个顶点坐标，可以使用 Numpy 进行构造。
- pts_d：表示输出图像的 4 个顶点坐标，可以使用 Numpy 进行构造。

任务演练——矫正图像

图像透视变换主要用于对拍摄不好的图像进行图像后处理。下面对拍摄不好的图像进行矫正，效果如图 3.16 所示。

图 3.16　矫正图像效果图

【例 3.9】矫正图像。

微课 矫正图像

```
import cv2
import numpy as np
#读取图像
img = cv2.imread('keyboard.jpg')
rows, cols,_ = img.shape
# 原始点阵
# 这 4 个点为原始图像上的(x,y)坐标位置，依次为左上角、右上角、左下角、右下角点
pts_o = np.float32([[76, 573], [1389, 288], [199, 1073], [1492, 784]])
pts_d = np.float32([[0, 0], [1500, 0], [0, 600], [1500, 600]]) # 这是变换之后的图像上 4 个点的坐标位置
# 获取转换矩阵
M = cv2.getPerspectiveTransform(pts_o, pts_d)
# 应用变换
# 最后一个参数用于设置输出图像的大小，可以和原始图像的大小不一致，按需求来设置即可
dst = cv2.warpPerspective(img, M, (1500, 600))
cv2.imshow('img', img)
cv2.imshow('dst', dst)
cv2.waitKey(0)
cv2.destroyAllWindows()
```

运行结果如图 3.16 所示。

任务巩固——文本矫正

图像 OCR 技术在日常生活中经常用到，它同样是利用图像透视原理实现的。小傅在拍摄扫描课本某一页时，不小心拍摄倾斜了。下面通过前面所学，实现扫描矫正，并将运行结果与代码保存上交，效果如图 3.17 所示。

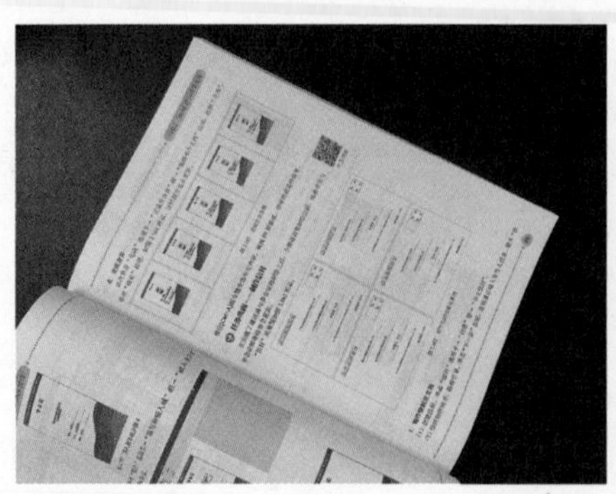
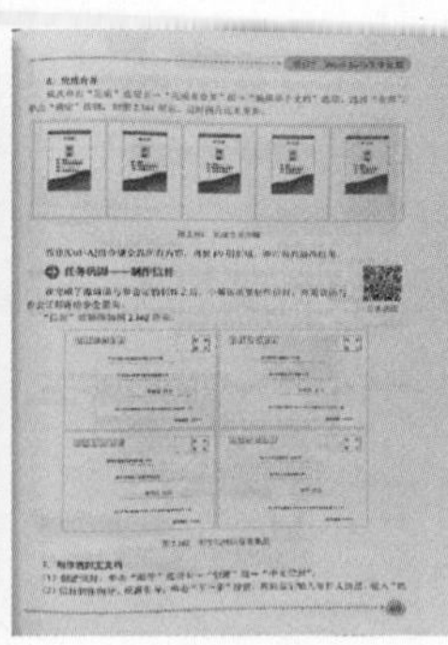

图 3.17　文本矫正效果图

项目 4

阈值处理与图像平滑

项目介绍

阈值处理（图像二值化）是图像分割的一种最简单的方法。一幅图像包括目标物体、背景与噪声，要想从复杂的数字图像中提取目标物体，阈值处理不失为一种简便、高效的方法。

图像平滑是一种区域增强的算法。在图像产生、传输和复制的过程中，常常会因为多方面原因而被噪声干扰或出现数据丢失，降低了图像的质量（如果某个像素与周围像素点相比有明显的不同，则该像素点被噪声所感染）。这就需要对图像进行一定的增强处理以减小这些缺陷带来的影响。

学习目标

- ✧ 掌握图像阈值处理的概念。
- ✧ 理解图像阈值处理中常见方法的基本原理。
- ✧ 能够根据图像选择适合的方法进行阈值处理。
- ✧ 掌握图像平滑处理的概念。
- ✧ 理解图像平滑处理中常见方法的基本原理。
- ✧ 能够使用相关函数实现图像平滑处理。
- ✧ 掌握滑动条处理的基本方法。

任务 1　阈值处理基础

任务目标

- ❖ 掌握图像阈值处理的概念。
- ❖ 掌握常见的图像阈值处理方法。

任务场景

图像阈值处理一般使得图像的像素值更单一、图像更简单。阈值可以分为全局性质的阈值，也可以分为局部性质的阈值；可以是单阈值，也可以是多阈值。阈值越多，图像越复杂。下面将介绍 OpenCV 中的 3 种阈值方法。

任务准备

4.1.1 简单阈值法

在很多时候，我们想要一种处理方式：剔除图像内灰度值高于一定值或低于一定值的像素点。首先通过选取一个全局阈值，然后把整幅图像分成非黑即白的二值图像，这就是简单阈值法。例如，首先设置阈值为 127，然后将图像内所有灰度值大于 127 的像素点的值设置为 255； 将图像内所有灰度值小于或等于 127 的像素点的值设置为 0。图 4.1 所示为一个简单阈值处理效果图。

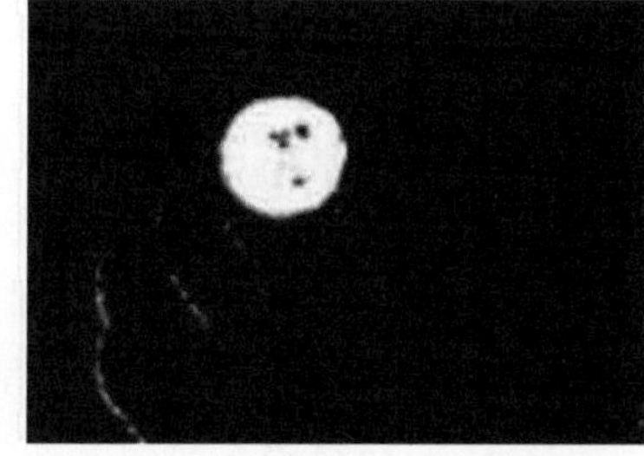
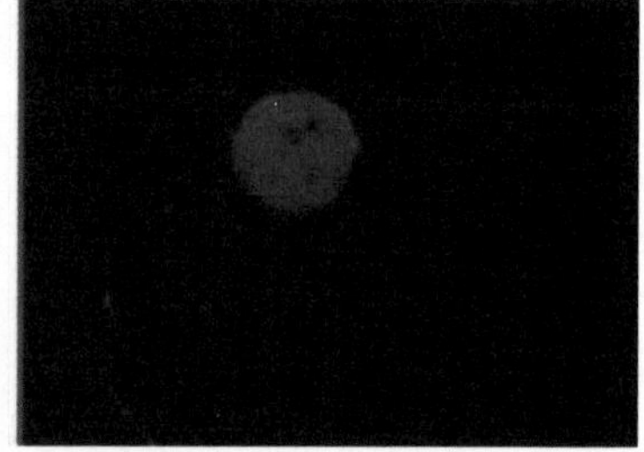

图 4.1 简单阈值处理效果图

OpenCV 中的 cv2.threshold()函数用于进行阈值化处理，该函数的语法格式为：

```
retval, dst=cv2.threshold(src, thresh, maxval, type)
```

- retval：表示返回的阈值。
- dst：表示结果图像，与原始输入图像具有相同的数据类型与大小。
- src：表示要进行阈值分割的图像，可以是多通道的图像，也可是 8 位或 32 位浮点型数值。
- thresh：表示要设置的阈值。
- maxval：表示当参数为 cv2.THRESH_BINARY 类型或 cv2.THRESH_BINARY_INV 类型时，需要设置的最大值。
- type：表示阈值分割的类型。常见的阈值分割类型如表 4.1 所示。

表 4.1 常见的阈值分割类型

类　型	定　义	参 数 值
cv2.THRESH_BINARY	二值化阈值处理：如果大于 thresh 的值，将灰度值设置为 maxval；反之则为 0	0
cv2.THRESH_BINARY_INV	反二值化阈值处理：如果大于 thresh 的值，将灰度值设置为 0；反之则为 maxval	1
cv2.THRESH_TRUNC	截断阈值处理：如果大于 thresh 的值，将灰度值设置为 thresh；反之则为原灰度值	2

续表

类　型	定　义	参 数 值
cv2.THRESH_TOZERO_INV	超阈值零处理：如果大于 thresh 的值，将灰度值设置为 0；反之则为原灰度值	3
cv2.THRESH_TOZERO	低阈值零处理：如果大于 thresh 的值，为原灰度值；反之则将灰度值设置为 0	4

4.1.2　Otsu 阈值法

如果图像色彩不是很均衡，使用固定阈值就会显得不合适。实际处理的图像往往是很复杂的，不太可能一眼就能观察出最合适的阈值。如果一个个去尝试，则工作量无疑是巨大的。

Otsu 阈值法又被称为“大津阈值法”，能够根据当前图像给出最佳的类间分割阈值。简而言之，Otsu 阈值法会遍历所有可能阈值，从而找到最佳的阈值。

通过在 cv2.threshold()函数中对参数 type 的类型传递一个参数“cv2.THRESH_OTSU”，即可实现 Otsu 阈值法的阈值分割。在使用 Otsu 阈值法时，要将阈值设置为 0。此时 cv2.threshold()函数会自动寻找最优阈值，并将该阈值返回。该函数的语法格式为：

```
    retval, dst=cv2.threshold(src, 0, 255, maxval, cv2.THRESH_BINARY +
cv2.THRESH_OTSU)
```

4.1.3　自适应阈值法

对于色彩均衡的图像，直接使用一个阈值就能完成对图像的阈值化处理。但是，有时图像的色彩是不均衡的，此时如果只使用一个阈值，就无法得到清晰、有效的阈值分割结果图像。有一种改进的阈值处理技术，使用变化的阈值能够完成图像的阈值处理，这种技术被称为“自适应阈值处理”。在进行阈值处理时，自适应阈值处理方法通过计算每个像素点周围邻近区域的加权平均值获得阈值，并使用该阈值对当前像素点进行处理。与普通的阈值处理方法相比，自适应阈值处理能够更好地处理明暗差异较大的图像，其语法格式为：

```
    dst = cv2.adaptiveThreshold(src, maxValue, adaptiveMethod, thresholdType,
blockSize, c)
```

- dst：表示结果图像。
- src：表示需要处理的原始图像。
- maxValue：表示处理后要设置的最大值。
- adaptiveMethod：要选择的自适应方法。
- thresholdType：阈值处理类型，该值必须是 cv2.THRESH_BINARY 类型或 cv2.THRESH_BINARY_INV 类型。
- blockSize：即块大小。表示一个像素在计算其阈值时所使用的邻域尺寸，通常为 3、5、7 等。
- c：表示常量。

cv2.adaptiveThreshold()函数根据参数 adaptiveMethod 来确定自适应阈值的计算方法，包含 cv2.ADAPTIVE_THRESH_MEAN_C 和 cv2.ADAPTIVE_THRESH_GAUSSIAN_C 两种不同的方法。这两种方法都是逐个像素地计算自适应阈值，自适应阈值等于每个像素由参数 blockSize 所指定邻域的加权平均值减去常量 c。当使用两种不同的方法计算邻域的加权平均值时所采用的方式不同。

- cv2.ADAPTIVE_THRESH_MEAN_C：邻域所有像素点的权重值是一致的。
- cv2.ADAPTIVE_THRESH_GAUSSIAN_C：与邻域各个像素点到中心点的距离有关，通过高斯方程得到各个像素点的权重值。

微课 实现阈值处理

任务演练——实现阈值处理

下面通过介绍几种常见的阈值处理实例，帮助大家更好地理解如何使用 cv2.threshold()函数与 cv2.adaptiveThreshold()函数进行阈值处理。

【例 4.1】使用 cv2.THRESH_BINARY 进行二值化阈值处理。

```
import cv2                                              #导入 OpenCV 库
import numpy as np
src = cv2.imread('dcz.jpg')                             #读取 dcz.jpg 图像
gray=cv2.cvtColor(src, cv2.COLOR_BGR2GRAY)              #图像类型转换函数，转换为灰度图像
ret, thresh1 = cv2.threshold(gray, 200, 255, cv2.THRESH_BINARY)#阈值处理
cv2.imshow('src', src)
cv2.imshow('gray', gray)
cv2.imshow('BINARY', thresh1)
cv2.waitKey(0)
cv2.destroyAllWindows()
```

运行程序，显示如图 4.2 所示的运行结果。

图 4.2　二值化阈值处理的运行结果

【例 4.2】使用 cv2.THRESH_BINARY_INV 进行反二值化阈值处理。

```
import cv2                                              #导入 OpenCV 库
import numpy as np
src = cv2.imread('dcz.jpg')                             #读取 dcz.jpg 图像
gray=cv2.cvtColor(src, cv2.COLOR_BGR2GRAY)              #图像类型转换函数，转换为灰度图像
#反二值化阈值处理
ret,thresh2 = cv2.threshold(gray, 200, 255, cv2.THRESH_BINARY_INV)
cv2.imshow('src', src)
cv2.imshow('gray', gray)
cv2.imshow('BINARY', thresh2)
cv2.waitKey(0)
cv2.destroyAllWindows()
```

运行程序，显示如图 4.3 所示的运行结果。可以看到，使用 cv2.THRESH_BINARY_INV 得到的结果正好是使用 cv2.THRESH_BINARY 得到结果的反转。

图 4.3　反二值化阈值处理的运行结果

【练习】使用 cv2.THRESH_TRUNC、cv2.THRESH_TOZERO、cv2.THRESH_TOZERO_ INV 三个参数进行练习，形成课堂练习报告。

【例 4.3】使用 Otsu 阈值法进行阈值处理。

```
import cv2
img=cv2.imread('dcz.jpg',0)
#使用 cv2.THRESH_BINARY 与 cv2.THRESH_OTSU 进行 Otsu 阈值处理
ret,otsu=cv2.threshold(img,0,255, cv2.THRESH_BINARY + cv2.THRESH_OTSU)
cv2.imshow("dcz", img)
cv2.imshow("otsu", otsu)
cv2.waitKey(0)
cv2.destroyAllWindows()
```

运行程序，显示如图 4.4 所示的运行结果。可以看到，在使用 Otsu 阈值法进行处理时，不需要多次设置参数就能得到较好的结果。

图 4.4　Otsu 阈值法的运行结果

【例 4.4】使用自适应阈值法进行阈值处理。

```
import cv2
img=cv2.imread('dcz.jpg',0)
#使用 cv2.ADAPTIVE_THRESH_MEAN_C 进行自适应阈值处理
athdMEAN=cv2.adaptiveThreshold(img, 255, cv2.ADAPTIVE_THRESH_MEAN_C,
cv2.THRESH_BINARY, 7, 5)
#使用 cv2.ADAPTIVE_THRESH_GAUSSIAN_C 进行自适应阈值处理
athdGAUS=cv2.adaptiveThreshold(img, 255, cv2.ADAPTIVE_THRESH_GAUSSIAN_C,
cv2.THRESH_BINARY, 5, 3)
cv2.imshow("athdMEAN", athdMEAN)
```

```
cv2.imshow("athdGAUS", athdGAUS)
cv2.waitKey(0)
cv2.destroyAllWindows()
```

运行程序，显示如图 4.5 所示的运行结果。可以看到，在使用自适应阈值法进行处理时，不需要多次设置参数就能得到较好的结果。

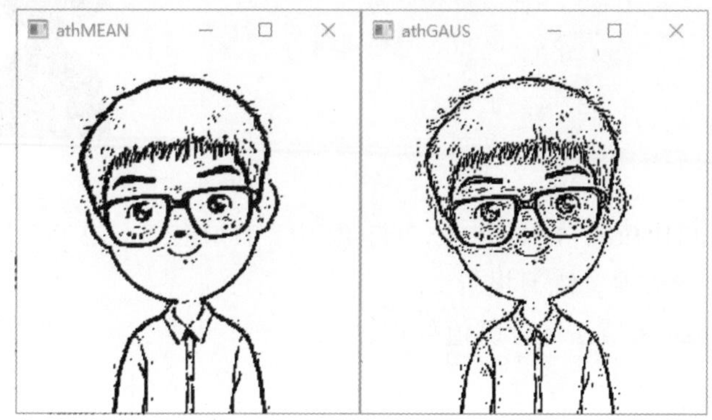

图 4.5　自适应阈值法的运行结果

任务巩固——分割硬币

下面采用合适的阈值处理方法对硬币进行图像分割，并将运行结果与代码保存上交，效果如图 4.6 所示。

图 4.6　分割硬币效果图

任务 2　使用滑动条调整阈值

任务目标

- 掌握滑动条处理的基本方法。
- 能够根据滑动条得到的结果选取合适阈值。

任务场景

在进行图像处理时，二值化是一个常规操作，阈值的选取尤为关键。通过任务一我们可以发现固定阈值选取具有一定的随机性，需要通过大量测试选取合适的阈值。本任务主要介绍如何使用滑动条来选取合适的阈值。

任务准备

4.2.1　cv2.createTrackbar()函数

滑动条（Trackbar）是一种可以动态调节参数的工具，依附于窗口而存在。由于 OpenCV 中没有“按钮”功能，因此我们可以使用滑动条来实现按钮的按下和弹起（开启和关闭）效果。

cv2.createTrackbar()函数用于创建一个可以调整数值的滑动条，并将滑动条附加到指定的窗口上。该函数的语法格式为：

```
cv2.createTrackbar(trackbarname, winname, value, count, onChange, userdata)
```

- trackbarname：表示滑动条名称，创建的轨迹栏的名称。
- winname：表示窗口的名字，表示这个滑动条会依附到哪个窗口上，即对应 namedWindow()创建窗口时的窗口名。
- value：表示滑动条默认值，该变量的值反映了滑块的初始位置。
- count：表示滑块可以达到的最大位置的值，最小位置的值始终为 0。
- onChange：指向每次滑块更改位置时要调用的函数的指针，默认值为 0。
- userdata：传递给回调的用户数据，默认值为 0。

4.2.2　cv2.getTrackbarPos()函数

cv2.getTrackbarPos()函数用于获取当前滑动条的位置，与 cv2.createTrackbar()函数配合使用。该函数的语法格式为：

```
cv2.getTrackbarPos(trackbarname, winname)
```

- trackbarname：表示滑动条名称。
- winname：表示滑动条依托窗口的名字。

任务演练——使用滑动条调整阈值

微课 使用滑动条调整阈值

通过滑动条对阈值进行动态调节，可以实时查找合适的阈值。下面将介绍滑动条的基础使用方法及结合滑动条操作进行阈值处理。

【例 4.5】使用滑动条调整阈值。

本实例结合滑动条设计了一个阈值处理动态调整程序，具体代码如下：

```
import cv2
import numpy as np
#定义一个回调函数，此程序无须回调
def nothing(x):
    pass
#读取图像
img = cv2.imread('dcz.jpg',0)
#定义窗口名称对象，方便后续调用
windowName = "dcz_Thresholding"
cv2.namedWindow(windowName,cv2.WINDOW_AUTOSIZE)
#创建用于颜色变换的滑动条
cv2.createTrackbar('Type',windowName,0,4,nothing)        #5 种基本阈值类型
```

```
cv2.createTrackbar('Value',windowName,0,255,nothing)   #灰度值范围为 0~255
#循环显示阈值处理结果
while(1):
    #用于保持窗口及按 Esc 键退出
    if cv2.waitKey(1) & 0xFF == 27:
        break
    #获取当前滑动条指示的值
    Type = cv2.getTrackbarPos('Type',windowName)
    Value = cv2.getTrackbarPos('Value',windowName)
    #阈值处理函数
    ret, dst = cv2.threshold(img, Value, 255, Type)
    #显示图像
    cv2.imshow(windowName, dst)
cv2.destroyAllWindows()
```

运行程序，显示如图 4.7 所示的运行结果。

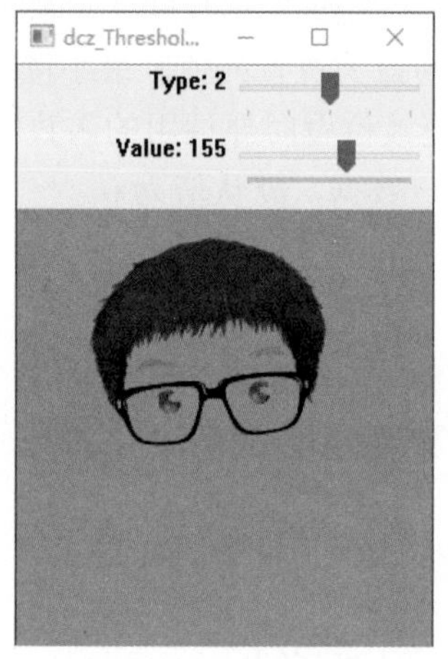

图 4.7　使用滑动条调整阈值的运行结果

任务巩固——创建滑动条 RGB 颜色表

滑动条可应用于多种图像处理的场景，如用于创建一个 RGB 颜色表来选择喜欢的颜色。下面编写程序创建一个滑动条 RGB 颜色表，效果如图 4.8 所示。

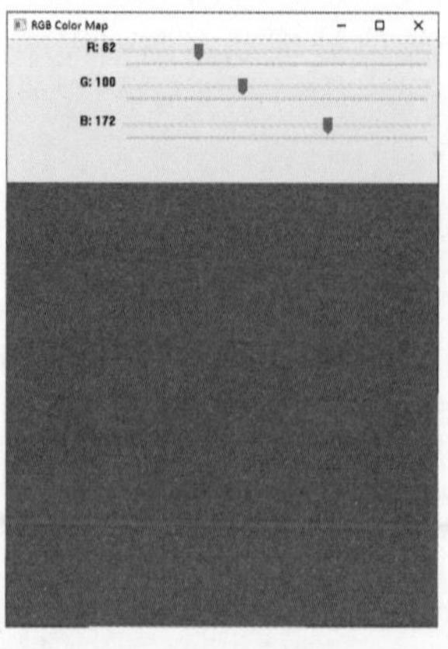

图 4.8　滑动条 RGB 颜色表效果图

任务 3 平滑处理基础

任务目标

- 掌握图像平滑处理的概念。
- 掌握图像平滑处理的相关函数。

任务场景

每一幅图像都包含某种程度的噪声。噪声可以理解为由一种或多种原因造成的像素值的随机变化，如由光子通量的随机性造成的噪声等。在大多数情况下，通过平滑技术（也常被称为“滤波技术”）可以进行抑制或去除噪声，其中常见的平滑处理包含均值滤波、高斯滤波、中值滤波、双边滤波等。本任务主要介绍常见的平滑处理方法及其应用场景。

任务准备

4.3.1 均值滤波

均值滤波是图像处理常用的手段。从频率域观点来看均值滤波是一种低通滤波器，高频信号将被去掉。均值滤波可用于消除图像尖锐噪声，实现图像平滑，模糊等功能。理想的均值滤波是用每个像素和它周围像素计算出来的平均值替换图像中每个像素的。

以 3×3 均值滤波器（见图 4.9）为例，均值滤波器原理可表述为 P5 = (P1+P2+⋯+P9)/(3×3)，这样即可得到 P5 均值滤波后的值。

P1	P2	P3
P4	P5	P6
P7	P8	P9

图 4.9 “3×3”邻域

在 OpenCV 中，用户可以使用 cv2.blur()函数实现对图像的均值滤波处理。该函数的语法格式为：

```
cv2.blur(src,ksize,anchor,borderType)
```

- src：表示原始输入图像。
- ksize：表示滤波核的大小。滤波核大小是指在均值处理过程中，其邻域图像的高度和宽度。
- anchor：表示锚点，其默认值是（-1,-1），表示当前计算均值的点位于滤波核的中心点位置。
- borderType：表示边界样式，该值决定了以哪种方式处理边界。

在通常情况下，当使用均值滤波函数时，对于锚点 anchor 和边界样式 borderType，直接采用其默认值即可。因此，cv2.blur()函数的一般形式为 dst=cv2.blur(src,ksize)。

均值滤波对噪声图像（特别是有大的孤立点的图像）非常敏感，即使有极少数量点存在较大差异也会导致平均值的明显波动。该函数也存在一定缺陷，它不能很好地保护图像细节，在对图像进行去噪时也破坏了图像的细节部分，从而使图像变得模糊。

4.3.2 高斯滤波

高斯滤波是一种线性滤波，其作用原理和均值滤波类似，都是取滤波器窗口内的像素的均值作为输出。其窗口模板的系数和均值滤波不同，均值滤波的模板系数都是 1；而高斯滤波的模板系数则随着距离模板中心的增大而减小。

在 OpenCV 中，用户可以使用 cv2.GaussianBlur()函数实现对图像的高斯滤波处理。该函数的语法格式为：

```
dst=cv2.GaussianBlur(src, ksize, sigmaX, sigmaY, borderType)
```

- src：表示原始输入图像。
- ksize：表示滤波核的大小，应为奇数。
- sigmaX：表示卷积核在水平方向上（x 轴方向）的标准差，其控制的是权重比例。
- sigmaY：表示卷积核在垂直方向上（y 轴方向）的标准差。
- borderType：表示边界样式，该值决定了以哪种方式处理边界。

在实际处理中，用户可以指定 sigmaX 和 sigmaY 为默认值 0。因此，cv2.GaussianBlur()函数的常用形式为 dst=cv2.GaussianBlur(src, (3, 3), 0, 0)。

通常，进行高斯滤波的原因是真实图像在空间内的像素是缓慢变化的，因此临近点的像素变化不会很明显，但是随机的两个点就可能形成很大的像素差。高斯滤波相比于均值滤波对图像的模糊程度较小，能够有效地平滑图像，消除高斯噪声（抑制服从正态分布的噪声）。

4.3.3 中值滤波

中值滤波是指对邻域中的像素点按像素值进行排序，然后选择该组的中值作为输出像素值。通俗来说，在这个像素的左边寻找 5 个像素点，右边寻找 5 个像素点，对这些像素值进行排序，排序过后会产生一个中值，用中间大小的值来代替该像素的值。图 4.10 所示为一个 3×3 大小的邻域，根据像素值依次排序，可得到排序结果为[115, 119, 120, 123, 124, 125, 126, 127, 150]，此时中值为“124”，那么“150”所在位置的像素值将会被替换为“124”。

124	126	127
120	150	125
115	119	123

图 4.10 “3×3”邻域像素分布

在 OpenCV 中，用户可以使用 cv2.medianBlur()函数实现对图像的中值滤波处理。该函数的语法格式为：

```
cv2.medianBlur(src, ksize)
```

- src：表示原始输入图像。
- ksize：表示滤波核的大小。滤波核大小是指在处理过程中，其邻域图像的高度和宽度，滤波核大小为大于 1 的奇数。

中值滤波通过选择中间值避免图像孤立噪声点的影响，对脉冲噪声有良好的滤除作用，特别是在滤除噪声时，能够保护信号的边缘，使之不被模糊。这些优良特性是线性滤波所不具有的。中值滤波可以有效地去除斑点和椒盐噪声，但是处理效率会较低。

4.3.4　双边滤波

双边滤波是一种非线性滤波，与其他滤波原理一样，双边滤波也是采用加权平均的方法，用周边像素亮度值的加权平均代表某个像素的强度，所用的加权平均基于高斯分布。双边滤波的权重不仅考虑了像素的欧氏距离（如普通的高斯低通滤波，只考虑了位置对中心像素的影响），还考虑了像素范围域中的辐射差异（如卷积核中像素与中心像素之间相似程度、颜色强度、深度距离等），在计算中心像素时要同时考虑这两个权重。

在 OpenCV 中，用户可以使用 cv2.bilateralFilter()函数实现对图像的双边滤波处理。该函数的语法格式为：

```
cv2.bilateralFilter(src, d, sigmaColor, sigmaSpace)
```

- src：表示原始输入图像。
- d：表示滤波时要采取的空间距离参数。在实际应用时，推荐 d=5，对于较大噪声的离线滤波，可以选择 d=9。
- sigmaColor：表示滤波处理时选取的颜色差值范围，该值能够将周围差值范围内的像素点参与到滤波中。
- sigmaSpace：表示坐标空间中的 sigma 值，该值越大，表示越多的像素点能够参与到滤波中来。在正常情况下，sigmaSpace 的值与 d 的值成比例。

为了方便起见，用户可以将 sigmaColor 与 sigmaSpace 设置为相同的值。如果它们的值小于 10，则效果不明显；反之则会产生卡通效果。

任务演练——实现平滑处理

微课 实现平滑处理

图像平滑是要突出图像的低频成分、主干部分或抑制图像噪声和干扰高频成分的图像处理方法，目的是使图像亮度平缓渐变，减小突变梯度，改善图像质量。字面意思就是让图像中的颜色灰度变化更光滑。下面主要介绍常见的平滑处理方法。

【例 4.6】使用均值滤波对图像进行平滑处理。

```
import cv2                              #导入 OpenCV 库
import numpy as np
src = cv2.imread('dczSalt.jpg')         #读取图像，该图像为增加了椒盐噪声的图像
blur = cv2.blur(src, (7, 7))            #使用均值滤波对图像进行平滑处理
cv2.imshow('src', src)
cv2.imshow('blur', blur)
cv2.waitKey(0)
cv2.destroyAllWindows()
```

运行程序，显示如图 4.11 所示的运行结果。可以看出，较好地去除了椒盐噪声。

图 4.11　均值滤波平滑处理的运行结果

【练习】修改 ksize（原为 7×7）的值，观察效果。

【例 4.7】使用高斯滤波对图像进行平滑处理。

```
import cv2                                              #导入 OpenCV 库
import numpy as np
src = cv2.imread('dczGaussian.jpg')                     #读取图像，该图像为增加了高斯噪声的图像
gaussianBlur = cv2.GaussianBlur(src, (7, 7), 10)  #使用高斯滤波对图像进行平滑处理
cv2.imshow('src', src)
cv2.imshow('gaussianBlur', gaussianBlur)
cv2.waitKey(0)
cv2.destroyAllWindows()
```

运行程序，显示如图 4.12 所示的运行结果。可以看到，高斯滤波对于去除高斯噪声有一定效果。

图 4.12　高斯滤波平滑处理的运行结果

【例 4.8】使用中值滤波对图像进行平滑处理。

```
import cv2                          #导入 OpenCV 库
import numpy as np
src = cv2.imread('dczSalt.jpg')    #读取图像，该图像为增加了椒盐噪声的图像
median = cv2.medianBlur(src, 7)    #使用中值滤波对图像进行平滑处理
cv2.imshow('src', src)
cv2.imshow('gaussian', gaussian)
cv2.waitKey(0)
cv2.destroyAllWindows()
```

运行程序，显示如图 4.13 所示的运行结果。可以看到，使用中值滤波能够很好地去除椒盐噪声。

图 4.13 中值滤波平滑处理的运行结果

【练习】对比均值滤波与高斯滤波的处理效果，并进行分析。

【例 4.9】使用双边滤波对图像进行平滑处理。

```
import cv2                                           #导入 OpenCV 库
import numpy as np
src = cv2.imread('dczGaussian.jpg')                  #读取图像,该图像为增加了高斯噪声的图像
bilaterBlur=cv2.bilateralFilter(src,15,300,300) #使用双边滤波对图像进行平滑处理
cv2.imshow('src', src)
cv2.imshow('bilaterBlur', bilaterBlur)
cv2.waitKey(0)
cv2.destroyAllWindows()
```

运行程序，显示如图 4.14 所示的运行结果。可以看到，使用双边滤波在去除噪声之后，很好地保留了图像的边缘信息。

图 4.14 双边滤波平滑处理的运行结果

任务巩固——综合探究

日常生活中的噪声通常是复杂的，只使用一种方法并不能很好地对图像进行平滑处理。下面对 dczGaussian&Salt.jpg 图像进行平滑处理。dczGaussian&Salt.jpg 为 dcz.jpg 图像中添加了椒盐噪声与高斯噪声后的图像。利用所学知识及上网检索，查找合适的方法对该图像进行滤波处理，并将运行结果与代码保存上交。原始图像如图 4.15 所示。

图 4.15　原始图像

任务 4　使用滑动条进行平滑处理

任务目标

- ❖ 掌握回调函数的用法。
- ❖ 掌握使用滑动条进行平滑处理的方法。

任务场景

平滑处理是一项简单且使用频率很高的图像处理方法。平滑处理的用途很多，最常见的用途是用来减少图像上的噪声或失真。相同的参数选取具有一定的随机性，因此需要通过大量的测试选取合适的阈值。本任务通过滑动条来选取合适的参数，方便用户对图像进行后续的平滑处理。

任务准备

回调函数就是一个通过函数名调用的函数。如果把函数的名字（地址）作为参数传递给另一个函数，当这个参数被用来调用其所指向的函数时，我们就说这是回调函数。回调函数不是由该函数的实现方直接调用的，而是在特定的事件或条件发生时由另外一方调用的，用于对该事件或条件进行响应。

例如，任务 2 中使用滑动条处理阈值的方法，同样可以使用回调函数来进行处理，代码会更加简洁。

【例 4.10】使用滑动条调整阈值。

```
import cv2
Type=0                                                #阈值处理类型值
Value=0                                               #使用的阈值
def Callback(a):
    Type= cv2.getTrackbarPos(tType, windowName)       #获取滑动条的 Type 值
    Value= cv2.getTrackbarPos(tValue, windowName)     #获取滑动条的 Value 值
    ret, dst = cv2.threshold(img, Value,255, Type)    #进行阈值处理
    cv2.imshow(windowName,dst)

img = cv2.imread("dcz.jpg",0)
```

```
windowName = "Threshold"                                        #窗体名
cv2.namedWindow(windowName)
cv2.imshow(windowName,img)
#创建两个滑动条
tType = "Type"                                          #用于选取阈值处理类型的滚动条
tValue = "Value"                                                #用于选取阈值的滚动条
cv2.createTrackbar(tType, windowName, 0, 4, Callback)           #创建 Type 滑动条
cv2.createTrackbar(tValue, windowName,0, 255, Callback)         #创建 Value 滑动条
cv2.waitKey()
cv2.destroyAllWindows()
```

运行程序，显示如图 4.16 所示的运行结果。

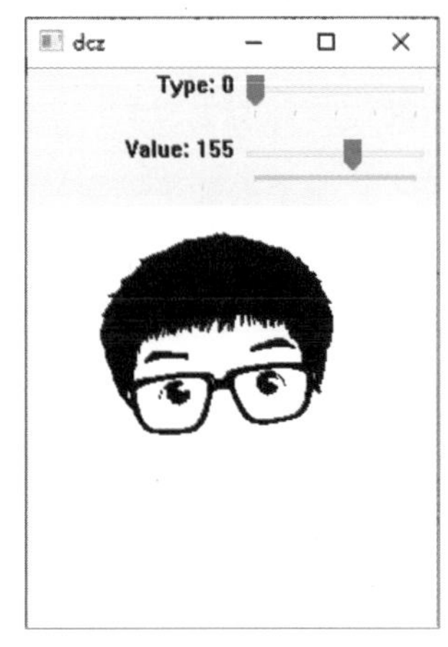

图 4.16　使用滑动条调整阈值的运行结果

任务演练——使用滑动条对图像进行平滑处理

微课 使用滑动条对图像进行平滑处理

下面主要介绍使用滑动条对图像进行平滑处理的方法。用户通过学习一个中值滤波的实例能举一反三，掌握技能。

【例 4.11】使用滑动条进行中值滤波处理。

```
import cv2
Value=0                                                 #滤波核的大小
def onValue(a):
    Value= cv2.getTrackbarPos(tValue, windowName)       #获取滑动条当前的 Value 值
    medianBlur= cv2.medianBlur(img, 2*Value+1)          #进行中值滤波处理
    cv2.imshow(windowName,medianBlur)
img = cv2.imread("dczSalt.jpg")
windowName = "medianBlur"
cv2.namedWindow(windowName)
cv2.imshow(windowName,img)
tValue = "Value"
v=cv2.createTrackbar(tValue, windowName,1, 100, onValue)#创建滑动条
cv2.waitKey()
cv2.destroyAllWindows()
```

运行程序，显示如图 4.17 所示的运行结果。

图 4.17　使用滑动条进行中值滤波处理的运行结果

任务巩固——使用滑动条进行双边滤波处理

用户根据前面所学的知识，已经掌握了中值滤波处理的操作方法。下面使用滑动条进行双边滤波处理，效果如图 4.18 所示。

图 4.18　使用滑动条进行双边滤波处理的效果图

项目 5

形态学操作

项目介绍

形态学是图像处理过程中的一个重要分支，其基本思想是利用一种特殊的结构元来测量或提取输入图像中相应的形状或特征，以便进一步进行图像分析和目标识别。

形态学操作是从图像中提取表达和描绘区域形状的有用图像分量，如边界、骨架和凸壳等。形态学操作主要包括腐蚀、膨胀、开运算、闭运算、形态学梯度运算、顶帽运算、黑帽运算等，其中腐蚀操作和膨胀操作是形态学运算的基础，可将腐蚀和膨胀结合进行操作。

学习目标

✧ 理解图像形态学的数学意义。
✧ 理解图像腐蚀与膨胀的运算过程。
✧ 掌握图像常见形态学操作函数的应用。
✧ 理解形态学结构元的含义。
✧ 能够使用相关函数实现图像腐蚀与膨胀运算。
✧ 能够根据图像处理要求综合使用通用形态学操作。
✧ 能够自定义简单的结构元并进行形态学操作。

任务 1　腐蚀与膨胀

任务目标

❖ 理解腐蚀和膨胀的概念。
❖ 掌握腐蚀和膨胀的运算方法。

任务场景

形态学操作的理论基础是集合论。在数字图像处理的形态学运算中，我们常常把一幅图像或图像中一个感兴趣的区域称为“集合”。操作运算是集合的交并补集，基本过程如图 5.1 所示。

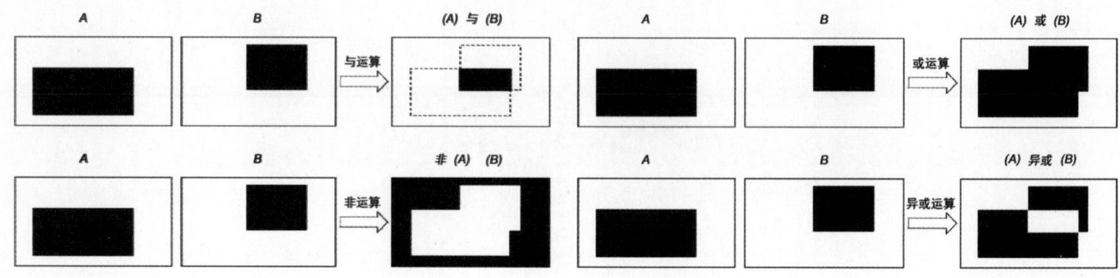

图 5.1　图像集合的操作运算过程

任务准备

5.1.1　结构元

结构元就是一个形状和大小已知的像素点集，通常还要为结构元定义一个中心。形态学操作是在结构元作用下进行的，利用它与二值图像对应的区域进行特定的逻辑运算。在图像中不断移动结构元，就可以考察图像之间各部分的关系，其形状、尺寸的选择决定了数学形态学运算的效果。结构元有一个锚点 O，O 一般定义为结构元的中心（也可以自由定义位置）。

结构元选择的主要原则如下。

- 结构元在几何上必须比原始图像简单，且有界。
- 在多尺度形态学分析中，结构元的大小可以变化。但结构元的尺寸一般要明显小于目标图像的尺寸。
- 结构元的凸性很重要，保证连接两点的线段位于集合的内部。
- 根据不同的图像分析目的，常用的结构元有方形、扁平形、圆形等。

5.1.2　腐蚀

腐蚀就是求局部最小值的操作，它能够将图像的边界点消除，使图像沿着边界向内收缩，也可以将小于指定结构体元素的部分去除。腐蚀用来“收缩”或“细化”二值图像中的前景，借此实现去除噪声、元素分割等功能。图 5.2 所示为腐蚀操作示意图。

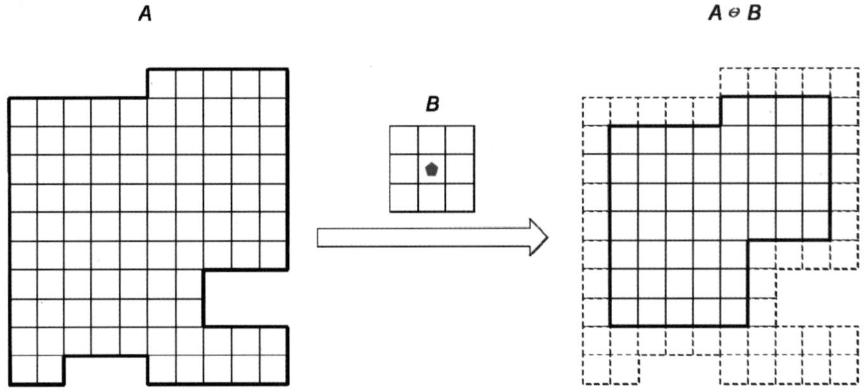

图 5.2　腐蚀操作示意图

在 OpenCV 中，用户可以使用 cv2.erode()函数实现腐蚀操作。该函数的语法格式为：

```
dst = cv2.erode( src, kernel[, anchor[, iterations[, borderType[, borderValue]]]])
```

- dst：表示结果图像。
- src：需要腐蚀的二值图像。
- kernel：腐蚀操作时所采用的结构元。
- anchor：element 结构中锚点的位置，默认值为（-1，-1），在结构元的中心位置。
- iterations：腐蚀操作的迭代次数，默认值为 1。
- borderType：表示边界样式。
- borderValue：表示边界填充值。

5.1.3　膨胀

膨胀就是求局部最大值的操作。膨胀操作和腐蚀操作的作用是相反的。膨胀操作能对图像的边界进行扩张。膨胀操作将与当前对象（前景）接触到的背景点合并到当前对象内，从而实现将图像的边界点向外扩张。当对图像的边界进行扩张时，如果图像内两个对象的距离较近，那么在膨胀过程中，两个对象可能会连通在一起。图 5.3 所示为膨胀操作示意图。

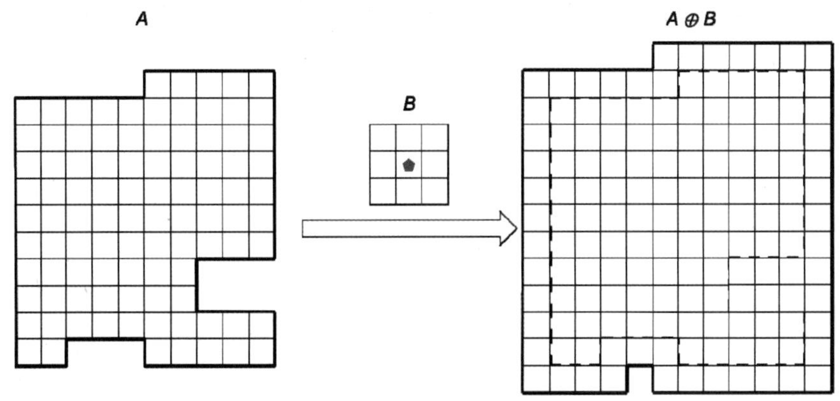

图 5.3　膨胀操作示意图

在 OpenCV 中，用户可以使用 cv2.dilate()函数实现对图像的膨胀操作。该函数的语法格式为：

```
dst = cv2.dilate( src, kernel[, anchor[, iterations[, borderType[, borderValue]]]])
```

- dst：表示结果图像。
- src：需要膨胀的二值图像。
- kernel：膨胀操作时所采用的结构类型。
- anchor：element 结构中锚点的位置，默认值为（-1，-1），在结构元的中心位置。
- iterations：膨胀操作的迭代次数，默认值为 1。
- borderType：表示边界样式。
- borderValue：表示边界填充值。

微课 实现腐蚀与膨胀

任务演练——实现腐蚀与膨胀

下面通过介绍腐蚀与膨胀操作案例，帮助大家更好地理解如何应用 cv2.erode()函数与 cv2.dilate()函数进行形态学基本操作。

【例 5.1】使用 cv2.erode()函数进行腐蚀操作。

```
import cv2                                                  #导入 OpenCV 库
import numpy as np
img = cv2.imread('cv2z.png')                                #读取图像
kernel = np.ones((5,5),np.uint8)                            #定义结构元 5×5
erosion = cv2.erode(img,kernel,iterations = 1)              #腐蚀操作
cv2.imshow('img', img)                                      #显示原始图像
cv2.imshow('erosion', erosion)                              #显示结果图像
cv2.waitKey(0)
cv2.destroyAllWindows()
```

运行程序，显示如图 5.4 所示的运行结果。

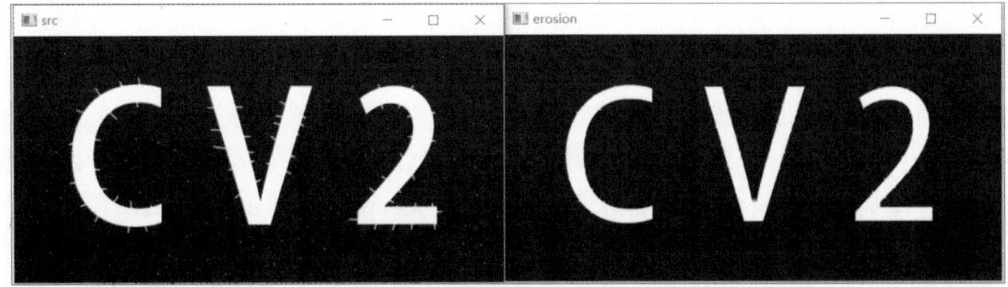

图 5.4　腐蚀操作处理

【例 5.2】使用 cv2.dilate()函数进行膨胀操作。

```
import cv2                                                  #导入 OpenCV 库
import numpy as np
src = cv2.imread('cv2d.png')                                #读取图像
kernel = np.ones((5,5),np.uint8)                            #定义结构元 5×5
dilate = cv2.dilate(src,kernel,iterations = 1)              #膨胀操作
cv2.imshow('src', src)                                      #显示原始图像
cv2.imshow('dilate', dilate)                                #显示结果图像
cv2.waitKey(0)
cv2.destroyAllWindows()
```

运行程序，显示如图 5.5 所示的运行结果。

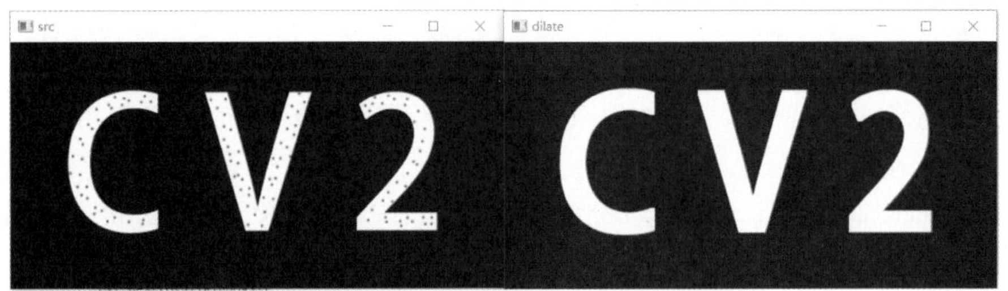

图 5.5　膨胀操作处理

任务巩固——组合实现通用形态学处理

修改 cv2.erode()函数与 cv2.dilate()函数中的结构元大小、迭代次数并对运行结果进行对比。如图 5.6 所示，使用结构元尺寸为 5、7、9 腐蚀的结果对比。

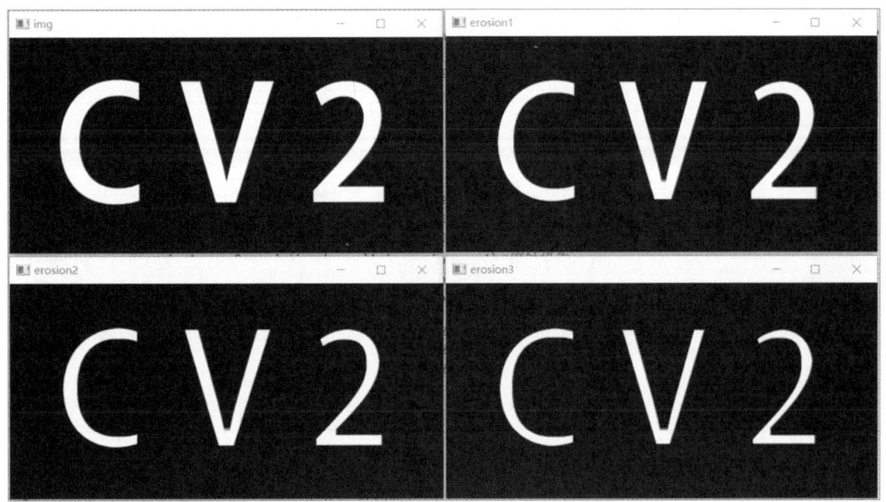

图 5.6　不同大小结构元处理结果

任务 2　通用形态学函数

任务目标

- ❖ 掌握通用形态学函数的使用。
- ❖ 掌握图像常见形态学操作函数的应用。

任务场景

腐蚀操作和膨胀操作是形态学运算操作的基础。通过对腐蚀操作和膨胀操作进行组合运用，还可以实现开运算、闭运算、形态学梯度运算、顶帽运算、黑帽运算等多种不同形式的运算。

任务准备

在 OpenCV 中，用户可以使用 cv2.morphologyEx()函数实现上述形态学运算。该函数的语法格式为：

```
    cv2.morphologyEx( src, op, kernel[, anchor[, iterations[, borderType[,
borderValue]]]] ))
```

- src：表示需要进行形态学操作的原始图像。图像的通道数可以是任意的。
- op：表示操作类型（见表 5.1）。
- 参数 kernel、anchor、iterations、borderType、borderValue 的含义与 cv2.dilate()函数中相应的参数含义一致。

表 5.1　操作类型

操 作 类 型	说　　明	操 作 方 法
cv2.MORPH ERODE	腐蚀	腐蚀
cv2.MORPH DILATE	膨胀	膨胀
cv2.MORPH OPEN	开运算	先腐蚀后膨胀
cv2.MORPH CLOSE	闭运算	先膨胀后腐蚀
ev2.MORPH GRADIENT	形态学梯度运算	膨胀图减去腐蚀图
cv2.MORPH TOPHAT	顶帽运算	原始图像减去开运算所得图像
cv2.MORPH BLACKHAT	黑帽运算	闭运算所得图像减去原始图像

任务演练——使用通用形态学函数实现形态学操作

用户通过调整形态学函数中的操作类型，理解形态学函数在图像处理中的应用意义。

【例 5.3】使用 cv2.MORPH_OPEN 进行开运算操作。

开运算进行的操作是先将图像腐蚀，再对腐蚀的结果进行膨胀。开运算可以用于去噪、计数等，具体代码如下：

```
import cv2                                                  #导入 OpenCV 库
import numpy as np
src = cv2.imread('cv2z.png')                                #读取图像
kernel = np.ones((5,5),np.uint8)                            #定义结构元 5×5
opening = cv2.morphologyEx(src, cv2.MORPH_OPEN, kernel)     #开运算操作
cv2.imshow('src', src)
cv2.imshow('opening', opening)
cv2.waitKey(0)
cv2.destroyAllWindows()
```

运行程序，显示如图 5.7 所示的运行结果。

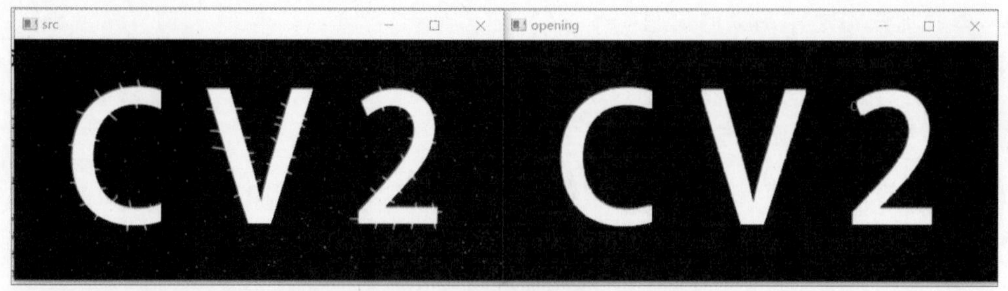

图 5.7　开运算操作

【例 5.4】使用 cv2.MORPH_CLOSE 进行闭运算操作。

闭运算是先膨胀、后腐蚀的运算，有助于关闭前景物体内部的小孔，或者去除物体上的

小黑点，还可以对不同的前景图像进行连接，具体代码如下：

```
import cv2                                    #导入 OpenCV 库
import numpy as np
src = cv2.imread('cv2d.png')                  #读取图像
kernel = np.ones((5,5),np.uint8)              #定义结构元 5×5
#闭运算操作
closing = cv2.morphologyEx(src, cv2.MORPH_CLOSE, kernel)
cv2.imshow('src', src)
cv2.imshow('closing', closing)
cv2.waitKey(0)
cv2.destroyAllWindows()
```

微课 使用

cv2.MORPH_CLOSE 进行闭运算操作

运行程序，显示如图 5.8 所示的运行结果。

图 5.8　闭运算操作

【例 5.5】使用 cv2.MORPH_GRADIENT 进行形态学梯度运算操作。

形态学梯度运算是用膨胀图像减去腐蚀图像的操作，该操作可以获取原始图像中前景图像的边缘，具体代码如下：

```
import cv2                                                         #导入 OpenCV 库
import numpy as np
src = cv2.imread('cv2.png')                                        #读取图像
kernel = np.ones((5,5),np.uint8)                                   #定义结构元 5×5
gradient = cv2.morphologyEx(src, cv2.MORPH_GRADIENT, kernel)       #形态学梯度运算操作
cv2.imshow('src', src)
cv2.imshow('gradient', gradient)
cv2.waitKey(0)
cv2.destroyAllWindows()
```

运行程序，显示如图 5.9 所示的运行结果。

图 5.9　形态学梯度运算操作

【例 5.6】使用 cv2.MORPH_TOPHAT 进行顶帽运算操作。

顶帽运算是用原始图像减去开运算图像的操作。顶帽运算能够获取图像的噪声信息，或

者得到比原始图像边缘更亮的边缘信息，具体代码如下：

```
import cv2                                                                #导入 OpenCV 库
import numpy as np
src = cv2.imread('cv2z.png')                                              #读取图像
kernel = np.ones((5,5),np.uint8)                                          #定义结构元 5×5
tophat = cv2.morphologyEx(src, cv2.MORPH_TOPHAT, kernel)                  #顶帽运算操作
cv2.imshow('src', src)
cv2.imshow('tophat', tophat)
cv2.waitKey(0)
cv2.destroyAllWindows()
```

运行程序，显示如图 5.10 所示的运行结果。

图 5.10　顶帽运算操作

【例 5.7】使用 cv2.MORPH_BLACKHAT 进行黑帽运算操作。

黑帽运算是用闭运算图像减去原始图像的操作。黑帽运算能够获取图像内部的小孔或前景色中的小黑点，或者得到比原始图像边缘更暗的边缘部分，具体代码如下：

```
import cv2                                                                #导入 OpenCV 库
import numpy as np
src = cv2.imread('cv2d.png')                                              #读取图像
kernel = np.ones((5,5),np.uint8)                                          #定义结构元 5×5
blackhat = cv2.morphologyEx(src, cv2.MORPH_BLACKHAT, kernel)              #黑帽运算操作
cv2.imshow('src', src)
cv2.imshow('blackhat', blackhat)
cv2.waitKey(0)
cv2.destroyAllWindows()
```

运行程序，显示如图 5.11 所示的运行结果。

图 5.11　黑帽运算操作

任务巩固——组合实现通用形态学处理

图像形态学运算的基础是膨胀操作和腐蚀操作，根据通用形态学函数中不用运算的方法可

实现开运算、闭运算、形态学梯度运算、顶帽运算和黑帽运算，并与形态学通用函数进行对比。如图 5.12 所示，左图为使用先膨胀后腐蚀的方法，右图为使用通用形态学函数的闭运算。

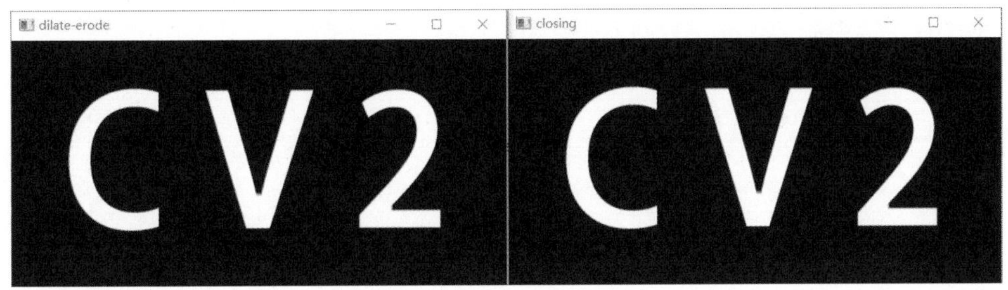

图 5.12　组合实现通用形态学处理

任务 3　形态学结构元

任务目标

❖ 理解形态学结构元的含义。
❖ 掌握形态学结构元的应用。

任务场景

当采用形态学操作进行数字图像处理时，需要用到结构元的辅助工具，利用它与二值图像对应区域进行特定的逻辑运算，可以提取图像中的相应特征，从而实现图像分析和目标识别。本任务主要介绍常见结构元的形态及其应用场景。

任务准备

结构元是研究一幅图像中感兴趣特性所用的小集合或子图像。在 OpenCV 中，用户可以自定义生成结构元，也可以通过 cv2.getStructuringElement() 函数构造结构元。cv2.getStructuringElement()函数用于构造并返回一个用于形态学处理所使用的结构元，其语法格式为：

```
cv2.getStructuringElement( shape, ksize[, anchor])
```

- shape：表示形状类型，其可能的取值如表 5.2 所示。
- ksize：表示结构元的大小。
- anchor：表示结构元中的锚点位置。默认值为（-1,-1)，是形状的中心。

表 5.2　常见结构元类型

类　型	说　明
cv2.MORPH_RECT	矩形结构元，所有元素值都是 1
cv2.MORPH_CROSS	十字形结构元，对角线元素值为 1
cv2.MORPH_ELLIPSE	椭圆形结构元

在通常情况下，除了使用 cv2.getStructuringElement()函数，用户也可以自己构建任意二进制元素作为形态学操作中所使用的结构元。

任务演练——结构元变化

先使用 cv2.getStructuringElement()函数构建不同形状的结构元，再利用不同形状的结构元对相同的图像进行膨胀处理并进行对比。

【例 5.8】生成不同形状的结构元。

```
import cv2                                                                    #导入 OpenCV 库
kernel1 = cv2.getStructuringElement(cv2.MORPH_RECT, (5,5))       #生成矩形 5×5 结构元
kernel2 = cv2.getStructuringElement(cv2.MORPH_CROSS, (5,5))      #生成十字形5×5结构元
kernel3 = cv2.getStructuringElement(cv2.MORPH_ELLIPSE, (5,5))  #生成椭圆 5×5 结构元
print("kernel1=\n",kernel1)
print("kernel2=\n",kernel2)
print("kernel3=\n",kernel3)
```

运行程序，显示如图 5.13 所示的运行结果。可以看到不同形状的结构元的区别。

```
kernel1=            kernel2=            kernel3=
 [[1 1 1 1 1]        [[0 0 1 0 0]        [[0 0 1 0 0]
 [1 1 1 1 1]         [0 0 1 0 0]         [1 1 1 1 1]
 [1 1 1 1 1]         [1 1 1 1 1]         [1 1 1 1 1]
 [1 1 1 1 1]         [0 0 1 0 0]         [1 1 1 1 1]
 [1 1 1 1 1]]        [0 0 1 0 0]]        [0 0 1 0 0]]
```

图 5.13　不同形状的结构元的结构

【例 5.9】不同形状的结构元形态学运算对比。

```
import cv2                                    #导入 OpenCV 库
src = cv2.imread('cv2.png')                   #读取图像
#生成矩形 55×55 结构元
kernel1 = cv2.getStructuringElement(cv2.MORPH_RECT, (55,55))
#生成十字形 55×55 结构元
kernel2 = cv2.getStructuringElement(cv2.MORPH_CROSS, (55,55))
#生成椭圆 55×55 结构元
kernel3 = cv2.getStructuringElement(cv2.MORPH_ELLIPSE, (55,55))
dst1 = cv2.morphologyEx(src, cv2.MORPH_DILATE, kernel1)
dst2 = cv2.morphologyEx(src, cv2.MORPH_DILATE, kernel2)
dst3 = cv2.morphologyEx(src, cv2.MORPH_DILATE, kernel3)
cv2.imshow('src', src)
cv2.imshow('dst1', dst1)
cv2.imshow('dst2', dst2)
cv2.imshow('dst3', dst3)
cv2.waitKey(0)
cv2.destroyAllWindows()
```

运行程序，显示如图 5.14 所示的运行结果。可以看到，不同形状的结构元在膨胀处理下产生了不同的效果。

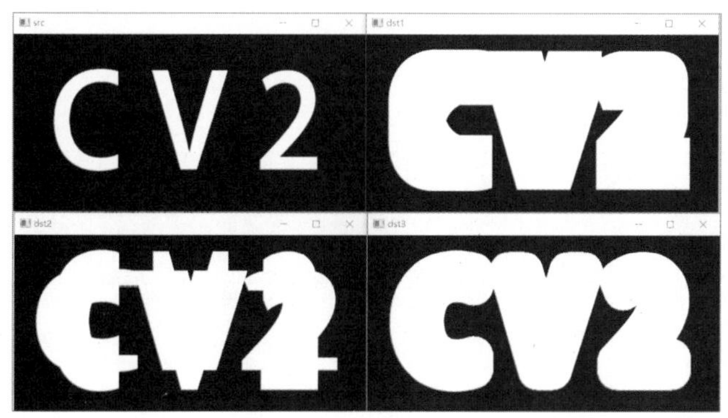

图 5.14　不同形状的结构元的膨胀处理效果

任务巩固——结构元腐蚀处理对比

先使用函数构建不同形状的结构元，如矩形 15×15、十字形 15×15、椭圆 15×15，再利用不同形状的结构元对相同的图像进行腐蚀处理并对效果进行对比，如图 5.15 所示。

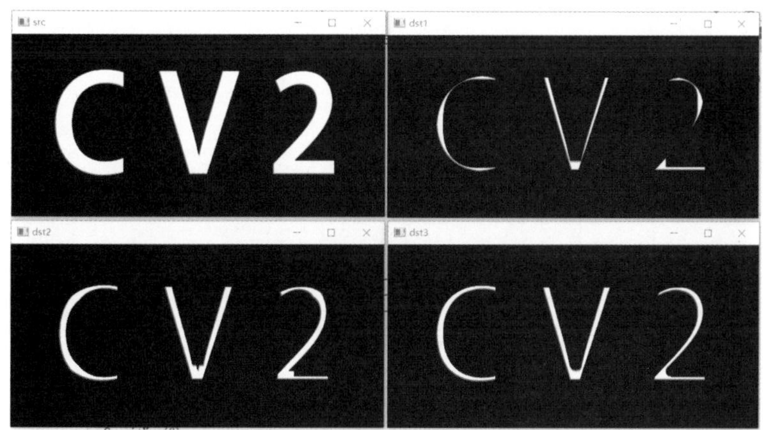

图 5.15　不同形状的结构元腐蚀处理结果对比

任务 4　去除电子书笔记中的注释

任务目标

- 掌握形态学操作的应用。
- 掌握不同结构元的应用场景。

任务场景

形态学主要从图像内提取分量信息，通常对于表达和描绘图像的形状具有重要意义。本任务通过构建合适的结构元进行直线检测，并自动去除电子书笔记中的注释。

任务准备

下面通过两个实例来介绍结构元的应用场景。

任务演练——使用形态学检测直线

微课 利用结构元去除图像中的直线

【例 5.10】利用结构元构造去除图像中的直线。

```
import cv2
import numpy as np
src=cv2.imread('morph01.png')
kernel = cv2.getStructuringElement(cv2.MORPH_RECT,(20,1))
dst1 = cv2.dilate(src,kernel,iterations=1)
dst=cv2.bitwise_or(src,dst1)
cv2.imshow("src",src)
cv2.imshow("dst1",dst1)
cv2.imshow("dst2",dst2)
cv2.imshow("dst",dst)
cv2.waitKey(0)
cv2.destroyAllWindows()
```

运行程序，显示如图 5.16 所示的运行结果。

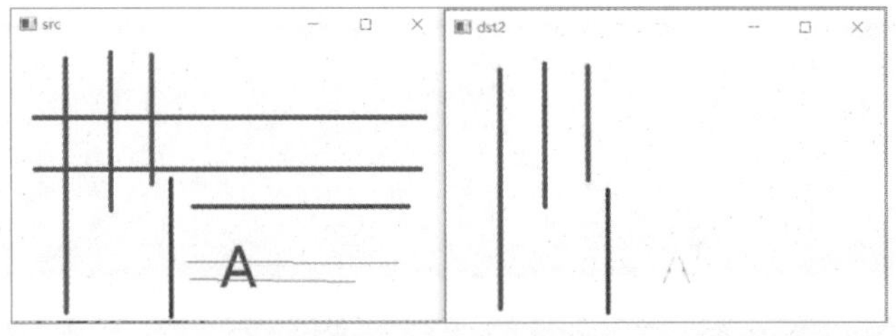

图 5.16　去除直线

任务巩固——去除电子书笔记中的注释

微课 去除电子书笔记中的注释

用户根据前面所学的知识，已经掌握了形态学的操作方法。下面使用不同形状的结构元去除电子书笔记中的注释，效果如图 5.17 所示。

图 5.17　去除电子书笔记中的注释效果

项目 6 图像梯度与边缘检测

项目介绍

图像梯度即图像灰度变化的速度，常用于求取图像的边缘。在图像中，边缘部分的灰度值变化较大，其梯度值也就较大，相同平滑的区域灰度值变化较小，其灰度值变化也就较小，因此通过对图像求梯度可以在一定程度上获取图像的边缘信息。根据图像梯度运算，也衍生出很多求边缘的算法，如 Sobel 算子、Laplacian 算子等。本项目主要介绍 Sobel 算子、Laplacian 算子、Canny 边缘检测算法。

学习目标

- ✧ 理解图像梯度的基本原理。
- ✧ 掌握图像梯度算子的数学意义。
- ✧ 掌握图像梯度算子的使用方法。
- ✧ 能够使用 Sobel 算子进行边缘检测。
- ✧ 掌握 Laplacian 算子函数的使用方法。
- ✧ 掌握 Canny 边缘检测算法的基本原理。
- ✧ 理解 Canny 参数的使用。
- ✧ 能够使用 cv2.Canny()函数进行边缘检测及综合应用。

任务 1　使用 Sobel 算子进行边缘检测

任务目标

- ❖ 理解图像梯度的基本原理。
- ❖ 掌握图像梯度算子的数学意义。
- ❖ 掌握图像梯度算子的使用方法。

❖ 能够使用 Sobel 算子进行边缘检测。

任务场景

Sobel 算子又被称为“索贝尔算子”，是计算机视觉领域中的一种重要处理方法，主要用于获得数字图像的一阶梯度，常见的应用和物理意义是边缘检测。Sobel 算子的优点是方法简单、处理速度快，并且获取的图像边缘光滑、连续。本任务主要介绍如何使用 Sobel 算子求取边缘信息。

任务准备

6.1.1 图像梯度的概念

图像梯度是指图像某像素在 x 和 y 两个方向上的变化率（与相邻像素比较），是一个二维向量，由两个分量组成：x 轴的变化、y 轴的变化。其中 x 轴的变化是指当前像素右侧（$x+1$）的像素值减去当前像素左侧（$x-1$）的像素值；同理，y 轴的变化是指当前像素下方（$y+1$）的像素值减去当前像素上方（$y-1$）的像素值。计算出这两个分量后，形成一个二维向量，就得到了该像素的图像梯度。如果用公式表示 $f(x,y)$点的梯度，则为：

$$g_x = f(x+1,y) - f(x-1,y)$$
$$g_y = f(x,y+1) - f(x,y-1)$$

6.1.2 Sobel 算子

Sobel 算子主要用于边缘检测。在技术上，它是一阶离散性差分算子，用于运算灰度图像的灰度值之近似值。在图像的任何一点使用此算子，将会产生对应的灰度矢量或其法矢量。Sobel 算子的具体形式如图 6.1 所示。

-1	0	1
-2	0	2
-1	0	1

（a）x 方向算子

-1	-2	-1
0	0	0
1	2	1

（b）y 方向算子

图 6.1　Sobel 算子的具体形式

如果现在有一幅 3×3 大小的图像，如图 6.2 所示。

P1	P2	P3
P4	P5	P6
P7	P8	P9

图 6.2　3×3 大小图像

此时使用 Sobel 算子对 P5 进行计算，其结果为：

$$P5_x = (-1)\times P1 + 0\times P2 + 1\times P3 + (-2)\times P4 + 0\times P5 + 2\times P6 + (-1)\times P7 + 0\times P8 + 1\times P9$$

$$P5_y = (-1)\times P1 + (-2)\times P2 + (-1)\times P3 + 0\times P4 + 0\times P5 + 0\times P6 + 1\times P7 + 2\times P8 + 1\times P9$$

此时，($P5_x$,$P5_y$）即为 P5 的 Sobel 算子计算结果。

在 OpenCV 中，用户可以使用 cv2.Sobel()函数实现 Sobel 算子计算。该函数的语法格式为：

```
dst = cv2.Sobel(src, ddepth, dx, dy[, dst[, ksize[, scale[, delta[, borderType]]]]])
```

- dst：表示结果图像。
- src：表示需要处理的原始图像。
- ddepth：表示目标图像深度，-1 表示采用的是与原始图像相同的深度，当正常使用时将其转化为 64 位图像，使用 cv2.CV_64F 参数。
- dx：表示导数 x 的阶数，一般为 0、1、2。
- dy：表示导数 y 的阶数，一般为 0、1、2。
- ksize：表示扩展的 Sobel 核的大小，通常为 3、5、7 等。
- scale：表示计算导数的可选比例因子。
- delta：表示添加到边缘检测结果中的可选增量值。
- borderType：表示边界值类型。

Sobel 算子根据像素点上、下、左、右邻点灰度加权差，在边缘处达到极值这一现象检测边缘。对噪声具有平滑作用，提供较为精确的边缘方向信息，但边缘定位精度不够高。当对精度要求不是很高时，这是一种较为常用的边缘检测方法。

6.1.3　cv2.convertScaleAbs()函数

在实际计算过程中，梯度值可能会是负数。通常处理的图像为 8 位图像，负数会自动截断为 0，造成图像损失。为了避免信息丢失，需要使用 cv2.convertScaleAbs()函数将结果转换为 8 位图像，其语法格式为：

```
dst = cv2.convertScaleAbs(src[, alpha[, beta]])
```

- dst：表示结果图像。
- src：表示需要处理的原始图像。
- alpha：表示调节系数，该值是默认值，默认值为 1。
- beta：表示调节亮度值，该值是默认值，默认值为 0。

任务演练——实现 Sobel 边缘检测

下面通过介绍常见的 Sobel 边缘检测实例，帮助大家更好地理解如何使用 cv2.Sobel()函数进行边缘检测。

微课　实现 Sobel 边缘检测

【例 6.1】使用 cv2.Sobel()函数进行边缘检测。

```
import cv2
img = cv2.imread('Rectangle.jpg',cv2.IMREAD_GRAYSCALE)
sobelx = cv2.Sobel(img,-1,1,0,ksize=3)#计算图像 x 轴方向偏导
cv2.imshow("img",img)
cv2.imshow("sobelx",sobelx)
cv2.waitKey()
cv2.destroyAllWindows()
```

运行程序，显示如图 6.3 所示的运行结果。

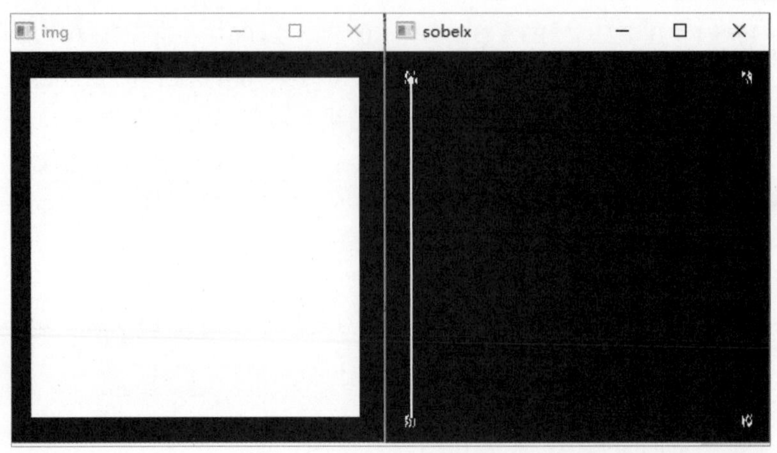

图 6.3　Sobel 边缘检测结果（1）

【例 6.2】使用 cv2.convertScaleAbs()函数优化 Sobel 边缘检测的结果。

```
import cv2
img = cv2.imread('Rectangle.jpg',cv2.IMREAD_GRAYSCALE)
sobelx = cv2.Sobel(img,-1,1,0,ksize=3)#计算图像 x 轴方向偏导
#由于右侧像素减去左侧像素，存在负数的情况，因此使用 cv2.convertScaleAbs()函数取绝对值
sobelx = cv2.convertScaleAbs(sobelx)
cv2.imshow("img",img)
cv2.imshow("sobelx",sobelx)
cv2.waitKey()
cv2.destroyAllWindows()
```

运行程序，显示如图 6.4 所示的运行结果。

图 6.4　Sobel 边缘检测结果（2）

【练习】使用 Sobel 算子进行 y 方向求偏导，形成练习报告。

任务巩固——形成完整边缘

下面使用 addWeighted()函数将 x 与 y 方向偏导结果合并，并将运行结果与代码保存上交，效果如图 6.5 所示。

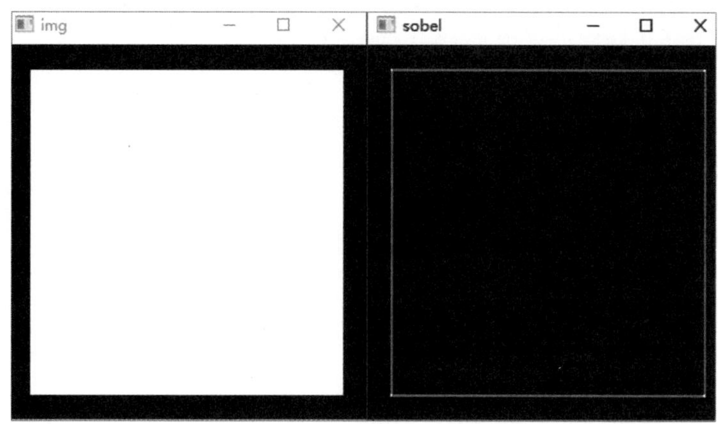

图 6.5　Sobel 完整边缘效果图

任务 2　使用 Laplacian 算子进行边缘检测

任务目标

❖ 掌握 Laplacian 算子函数的使用方法。

❖ 了解 Laplacian 算子的使用场景。

任务场景

在一些情况下，如灰度变化均匀的图像，只利用 Sobel 算子可能找不到边界，此时 Laplacian 算子就能提供更多有用的信息。本任务主要介绍 Laplacian 算子函数的使用方法。

任务准备

Laplacian 算子是二阶离散型差分算子，其具有各向同性，即与坐标轴方向无关，坐标轴旋转后梯度结果不变，可以满足不同方向的图像边缘检测的要求。但是，该算子对噪声比较敏感。图 6.6 所示为一个 3×3 大小的 Laplacian 算子。

0	1	0
1	-4	1
0	1	0

图 6.6　Laplacian 算子

同样，假设有一幅 3×3 大小的简单图像，在进行 Laplacian 边缘检测时，其 P5 的值为：

$$P5lap = 0\times(P1 + P3 + P7 + P9) + 1\times(P2 + P4 + P6 + P8) - 4\times P5$$

在 OpenCV 中，用户可以使用 cv2.Laplacian()函数实现 Laplacian 算子的计算。该函数的语法格式为：

```
dst = cv2.Laplacian(src, ddepth[, ksize[, scale[, delta[, borderType]]]])
```

- dst：表示结果图像。
- src：表示需要处理的原始图像。
- ddepth：表示目标图像深度，−1 表示采用的是与原始图像相同的深度，当正常使用时将其转化为 64 位图像，使用 cv2.CV_64F 参数。

- ksize：表示扩展的 Sobel 核的大小，通常为 3、5、7 等。
- scale：表示计算导数的可选比例因子。
- delta：表示添加到边缘检测结果中的可选增量值。
- borderType：表示边界值类型。

任务演练——实现 Laplacian 边缘检测

微课 实现 Laplacian 边缘检测

下面通过介绍常见的 Laplacian 边缘检测实例，帮助大家更好地理解如何使用 cv2.Laplacian()函数进行边缘检测。

【例 6.3】使用 cv2.Laplacian()函数进行边缘检测。

```
import cv2
img = cv2.imread('Rectangle.jpg',cv2.IMREAD_GRAYSCALE)
laplacian = cv2.Laplacian(img,cv2.CV_64F)#计算 Laplacian 边缘
cv2.imshow("img",img)
cv2.imshow("laplacian",laplacian)
cv2.waitKey()
cv2.destroyAllWindows()
```

运行程序，显示如图 6.7 所示的运行结果。可以看到，4 个角位置存在一些噪声，需要使用 cv2.convertScaleAbs()函数对其进行边缘优化。

图 6.7 Laplacian 边缘检测（1）

【例 6.4】使用 cv2.convertScaleAbs()函数进行边缘优化。

```
import cv2
img = cv2.imread('Rectangle.jpg',cv2.IMREAD_GRAYSCALE)
laplacian = cv2.Laplacian(img,cv2.CV_64F)#计算 Laplacian 边缘
Laplacian2 = cv2.convertScaleAbs(laplacian)
cv2.imshow("img",img)
cv2.imshow("laplacian2",laplacian2)
cv2.waitKey()
cv2.destroyAllWindows()
```

运行程序，显示如图 6.8 所示的运行结果。

图 6.8　Laplacian 边缘检测（2）

任务巩固——获取手掌边缘

常见的数字图像要复杂得多，如果想要获取其边缘，则要结合阈值进行处理。下面编写程序获取图像边缘，效果如图 6.9 所示。

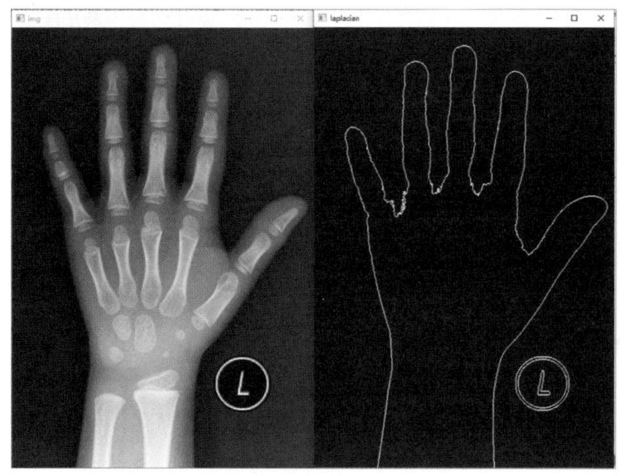

图 6.9　手掌边缘效果图

任务 3　Canny 边缘检测算法

任务目标

❖ 掌握 Canny 边缘检测算法的基本原理。
❖ 理解 Canny 参数的使用。

任务场景

Canny 边缘检测算法是由 John F. Canny 于 1986 年开发出来的一个多级边缘检测算法，此算法被很多人认为是边缘检测的最优算法。相对于其他边缘检测算法来说，使用该算法识别图像边缘的准确度要高很多，更适用于复杂背景下的边缘检测。

本任务主要介绍 Canny 边缘检测算法及其应用场景。

任务准备

6.3.1 Canny 边缘检测算法的概念

Canny 一直被作为一种标准的边缘检测算法，此后也出现了各种基于 Canny 边缘检测算法的改进算法。时至今日，Canny 及其各种变种依旧是优秀的边缘检测算法。

Canny 边缘检测算法分为如下 4 个步骤。

步骤 1：高斯模糊。因为噪声也集中于高频信号，所以很容易被识别为伪边缘。应用高斯模糊去除噪声，可降低伪边缘的识别。但是由于图像边缘信息也是高频信号，高斯模糊的半径选择很重要，较大的半径有很大可能检测不到一些弱边缘。

步骤 2：计算梯度幅值和方向。图像的边缘可以指向不同方向，因此使用 Canny 边缘检测算法的 4 个梯度算子来分别计算水平、垂直和对角线方向的梯度。但是通常都不用 4 个梯度算子来分别计算 4 个方向。

步骤 3：非最大值抑制。非最大值抑制是一种边缘细化方法。通常得出来的梯度边缘不止一个像素宽，而是多个像素宽。例如，使用 Sobel 算子得出来的边缘粗大而明亮，因此这样的梯度图还是很“模糊”。非最大值抑制能用于保留局部最大梯度而抑制所有其他梯度值，只保留了梯度变化中最锐利的位置。

步骤 4：应用双阈值法确定边缘。一般的边缘检测算法用一个阈值来滤除噪声或颜色变化引起的小的梯度值，而保留大的梯度值。Canny 边缘检测算法应用双阈值，即通过一个高阈值和一个低阈值来区分边缘像素。如果边缘像素点梯度值大于高阈值，且小于低阈值，则被认为是强边缘点。如果边缘梯度值小于高阈值，且大于低阈值，则标记为弱边缘点。小于低阈值的点则被抑制掉。

6.3.2 cv2.Canny()函数

在 OpenCV 中，用户可以使用 cv2.Canny()函数实现 Canny 边缘检测。该函数的语法格式为：

```
edges = cv2.Canny( image, threshold1, threshold2[, apertureSize[, L2gradient]])
```

- edges：表示计算得到的边缘图像。
- image：表示 8 位输入图像。
- threshold1：表示处理过程中的第一个阈值。
- threshold2：表示处理过程中的第二个阈值。
- apertureSize：表示 Sobel 算子的孔径大小。
- L2gradient：表示计算图像梯度幅度（gradient magnitude）的标识，其默认值为 False。

在实际使用过程中，往往只通过使用不同大小的 threshold1 和 threshold2 就能得到较好的结果。

任务演练——使用 Canny 算法进行边缘检测

下面主要介绍常见的 Canny 边缘检测方法及使用滑动条动态确定阈值的方法。

【例 6.5】使用 cv2.canny()函数获取图像边缘。

```
import cv2
img = cv2.imread('dcz.jpg',0)
edge=cv2.Canny(img,80,150)#80、150 分别为低阈值与高阈值
cv2.imshow("img",img)
cv2.imshow("edge",edge)
cv2.waitKey()
cv2.destroyAllWindows()
```

运行程序，显示如图 6.10 所示的运行结果。可以看到，通过选择合适的阈值能够较好地获取图像边缘。

图 6.10　Canny 边缘检测

【练习】尝试使用不同的阈值进行边缘检测，并观察获取的边缘有何不同。

任务巩固——使用滑动条选择合适的高低阈值

通常高低阈值的选择具有很强的主观性，可以尝试使用滑动条来辅助选择合适的高低阈值。下面通过滑动条进行边缘检测，效果如图 6.11 所示。

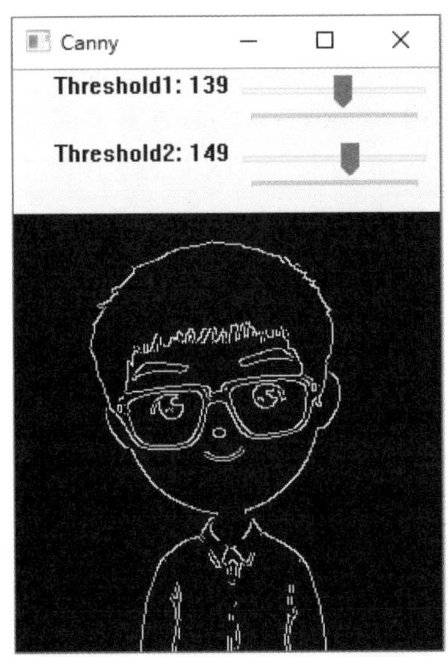

图 6.11　通过滑动条进行边缘检测

任务 4 实战：车道检测

任务目标

❖ 能够使用 cv2.Canny()函数进行边缘检测及综合应用。

任务场景

Canny 边缘检测算法是从不同视觉对象中提取有用的结构信息并大大减少要处理的数据量的一种技术，目前已被广泛应用于各种计算机视觉系统中。例如，现在火热的自动驾驶技术就是基于 Canny 边缘检测的传统车道线检测算法，这种算法很轻量级，实时性较好。本任务通过使用 Canny 边缘检测算法进行基本的边缘检测，在后续进行霍夫变换学习后，可继续完成车道检测的项目。

任务准备

在车道线检测过程中，检测道路部分需要通过设置掩膜剔除非车道部分，避免错误检测。

cv2.fillPoly()函数既可以用于填充任意形状的图形，也可以用于绘制多边形。该函数可以一次填充多个图形，也可以填充复杂的区域，如带孔的区域、具有自相交的轮廓等。在刚开始使用 cv2.fillPoly()函数时，会发现没有效果，只有轮廓线被染色，内部却没有被填充。这是因为没有添加中括号。该函数的语法格式为：

```
cv2.fillPoly(src, ploygons, color)
```

- src：表示待处理的图像。
- ploygons：表示要填充的多边形。
- color：表示要填充的颜色。

在具体使用时，要先构造待填充的多边形边界，如 triangle = numpy.array ([[100,300],[400,500],[100,200]],numpy.int32)，其中，[100,300],[400,500],[100,200] 为要填充的轮廓坐标，形如[[X1,Y2],[X2,Y2]]。

下面使用代码 cv2.fillPoly(a, triangle, 255)填充图形，结果如图 6.12 所示。

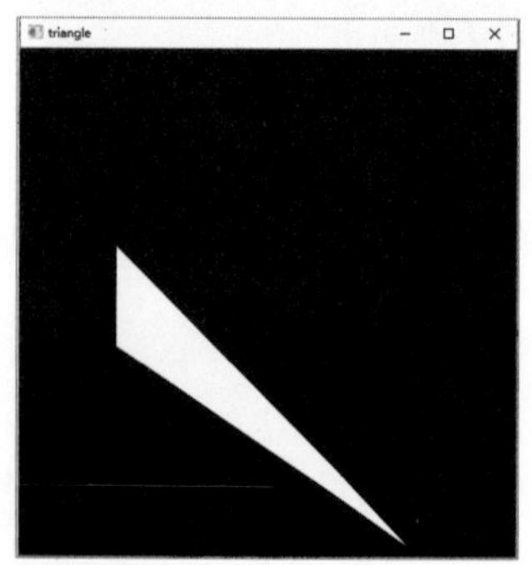

图 6.12　填充结果

微课 使用 Canny 边缘检测算法进行车道检测

任务演练——使用 Canny 边缘检测算法进行车道检测

下面主要介绍使用 Canny 边缘检测算法进行车道检测，希望用户能通过本实例，学习边缘检测的技能。

【例 6.6】Canny 边缘检测算法综合应用。

```
import cv2
import numpy as np
def canny(image):
    gray = cv2.cvtColor(image,cv2.COLOR_RGB2GRAY)
    blur = cv2.GaussianBlur(gray,(5,5),0)  #降低噪声
    canny = cv2.Canny(blur,50,150)
    return canny
```

```
def region_of_interest(image):          #应用掩膜
    height = image.shape[0]
    ploygons = np.array([[(200,height),(1100,height),(550,250)]])#创建多边形
    mask = np.zeros_like(image)         #创建与原始图像一样大小的空白图像
    cv2.fillPoly(mask,ploygons,255)    #绘制多边形掩膜
    masked_image = cv2.bitwise_and(image,mask)
    #通过 bitwise_and 对两幅图像的每一个像素进行与运算，并将掩膜应用于图像中
    return masked_image
image = cv2.imread('test_image.jpg')
# 复制原始图像
lane_image = np.copy(image)
canny = canny(lane_image)
cv2.imshow('src',image)
cv2.imshow('canny',canny)
cv2.imshow('region_of_interest(canny)',region_of_interest(canny))
cv2.waitKey()
cv2.destroyAllWindows()
```

运行程序，显示如图 6.13～图 6.15 所示的运行结果。

图 6.13　车道图像（1）

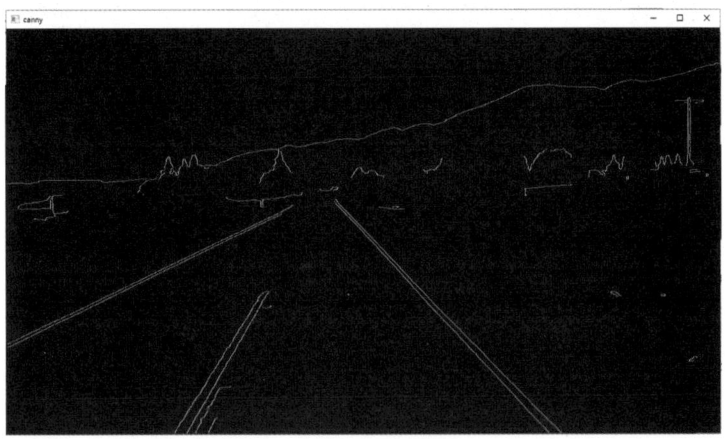

图 6.14　Canny 边缘检测结果

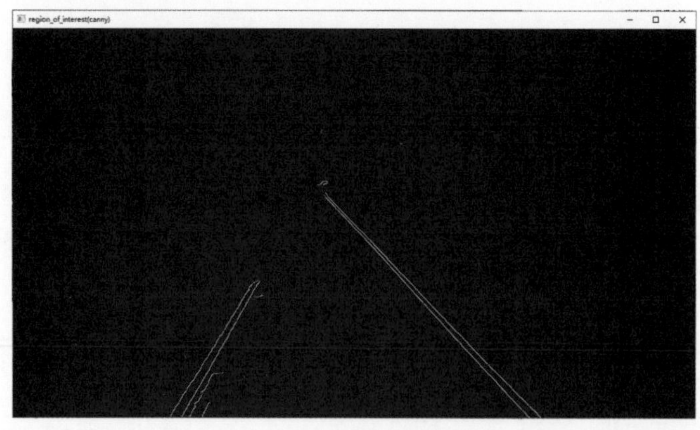

图 6.15　感兴趣的车道区域（1）

任务巩固——车道检测实战

用户根据前面所学的知识，已经掌握了车道检测的基本操作方法。下面通过对掩膜基本参数进行调整，实现对 test_image2.jpg 的车道检测，效果如图 6.16、图 6.17 所示。

图 6.16　车道图像（2）

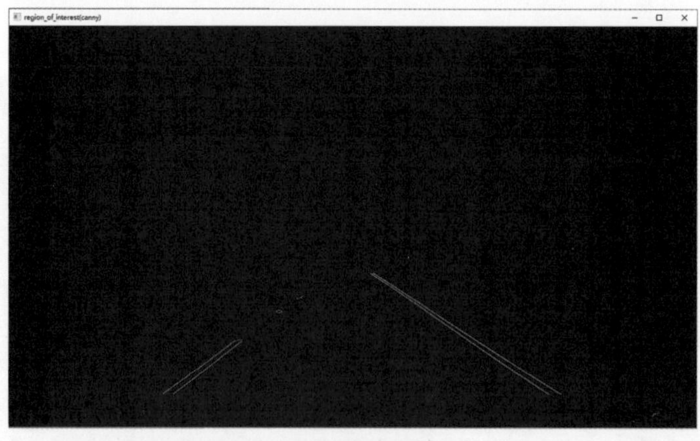

图 6.17　感兴趣的车道区域（2）

项目 7

图像金字塔

项目介绍

图像金字塔是由一幅图像的多个不同分辨率的子图所构成的图像集合，形象地理解为一系列以金字塔形状排列的、自下向上分辨率逐渐降低的图像集合。该组图像是由单个图像通过不断地降采样所产生的，最小的图像可能仅仅有一个像素点。

学习目标

- ✧ 了解图像金字塔的应用场景。
- ✧ 掌握常见金字塔的处理过程。
- ✧ 能够理解高斯金字塔与拉普拉斯金字塔的处理过程。
- ✧ 能够使用相关函数进行高斯金字塔可逆性分析。
- ✧ 能够使用相关函数进行拉普拉斯金字塔无损恢复图像。
- ✧ 能够使用金字塔相关函数实现图像之间的融合。

任务 1　图像金字塔与高斯金字塔

任务目标

- ❖ 理解图像金字塔的概念。
- ❖ 能够生成高斯金字塔。

任务场景

图像金字塔是系列图像多尺度表达的一种方式，多用于机器视觉和图像压缩。金字塔的底部是高分辨率的待处理图像，而顶部是低分辨率的近似图像。层次越高，图像尺寸越小，分辨率越低。本任务主要介绍高斯金字塔与拉普拉斯金字塔，为后续图像高分辨率的恢复与图像融合做铺垫。

任务准备

7.1.1 图像金字塔的概念

图像金字塔是同一幅图像不同分辨率的子图集合，是通过对原始图像不断地向下采样而产生的，即由高分辨率的图像产生系列低分辨率的近似图像集合。逐级生成图像金字塔最简单的方式是删除图像的偶数行和偶数列。例如，有一幅大小为 $n \times n$ 的图像，删除偶数行和偶数列后得到一幅$(n/2)*(n/2)$大小的图像。经过上述处理后，图像大小变为原来的 1/4，不断地重复该过程，就可以得到该图像的图像金字塔，如图 7.1 所示。

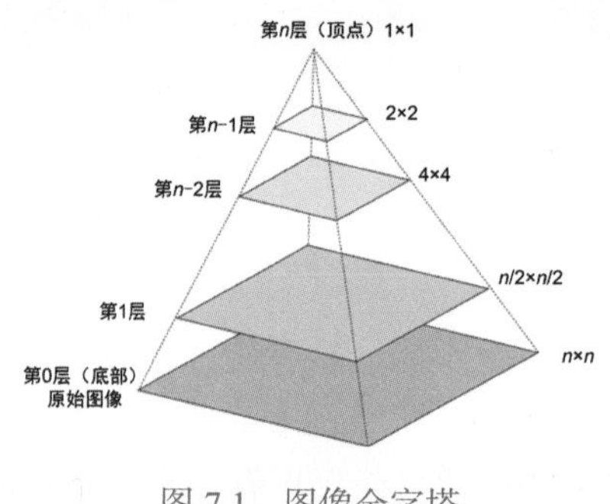

图 7.1 图像金字塔

7.1.2 高斯金字塔

高斯金字塔是通过高斯平滑和亚采样获得的，也就是说第 k 层高斯金字塔通过平滑处理，亚采样就可以获得 k+1 层高斯图像。高斯金字塔包含了一系列低通滤波器，其截止频率从上一层到下一层以 2 因子逐渐增加，所以高斯金字塔可以跨越很大的频率范围。

在 OpenCV 中，用户可以使用 cv2.pyrDown()函数生成下采样高斯金字塔。该函数的语法格式为：

```
dst = cv2.pyrDown( src[, dstsize[, borderType]] )
```

- dst：表示目标图像。
- src：表示原始图像。
- dstsize：表示目标图像的大小。
- borderType：表示边界类型，支持 BORDER_DEFAULT。

在 OpenCV 中，用户也可以使用 cv2.pyrUp 函数生成上采样高斯金字塔。该函数的语法格式为：

```
dst = cv2.pyrUp( src[, dstsize[, borderType]] )
```

- dst：表示目标图像。
- src：表示原始图像。
- dstsize：表示目标图像的大小。
- borderType：表示边界类型，支持 BORDER_DEFAULT。

任务演练——生成高斯金字塔

微课 生成高斯金字塔

下面通过介绍常见高斯金字塔和拉普拉斯金字塔的生成方法，帮助大家更好地理解如何使用函数生成图像金字塔。

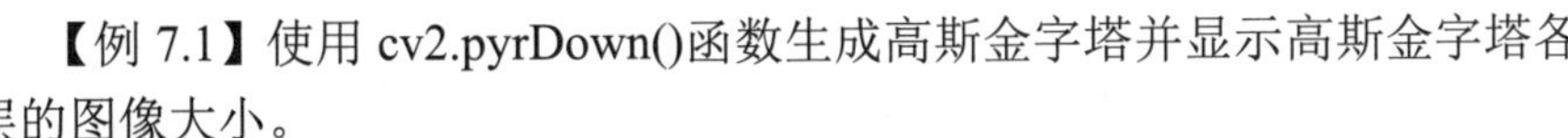

【例 7.1】使用 cv2.pyrDown()函数生成高斯金字塔并显示高斯金字塔各层的图像大小。

```
import cv2
import numpy as np
G0 = cv2.imread("pyr.jpg")
G1=cv2.pyrDown(G0)
G2=cv2.pyrDown(G1)
G3=cv2.pyrDown(G2)
G4=cv2.pyrDown(G3)
cv2.imshow("G0", G0)
cv2.imshow("G1", G1)
cv2.imshow("G2", G2)
cv2.imshow("G3", G3)
cv2.imshow("G4", G4)
cv2.waitKey(0)
cv2.destroyAllWindows()
```

运行程序，显示如图 7.2 所示的运行结果。

图 7.2　高斯金字塔

图像大小输出结果如下：

```
G0.shape= (800, 1200, 3)
G1.shape= (400, 600, 3)
G2.shape= (200, 300, 3)
G3.shape= (100, 150, 3)
```

输出图像大小为 size((src.cols+1)/2, (src.rows+1)/2)。在任何情况下，图像尺寸必须满足如下条件：

$$|\text{dst. width}\times 2 - \text{src. cols}| \leqslant 2$$

$$|\text{dst. height}\times 2 - \text{src. rows}| \leqslant 2$$

【例 7.2】使用 cv2.pyrUp()函数生成高斯金字塔并显示高斯金字塔各层的图像大小。

```
import cv2
import numpy as np
```

```
G4 = cv2.imread("pyr.jpg")
L3=cv2.pyrUp(G4)
L2=cv2.pyrUp(L3)
L1=cv2.pyrUp(L2)
L0=cv2.pyrUp(L1)
cv2.imshow("L0", L0)
cv2.imshow("L1", L1)
cv2.imshow("L2", L2)
cv2.imshow("L3", L3)
print("L0.shape=",L0.shape)
print("L1.shape=",L1.shape)
print("L2.shape=",L2.shape)
print("L3.shape=",L3.shape)
cv2.waitKey(0)
cv2.destroyAllWindows()
```

运行程序，图像大小输出结果如下：

```
L0.shape= (12800, 19200, 3)
L1.shape= (6400, 9600, 3)
L2.shape= (3200, 4800, 3)
L3.shape= (1600, 2400, 3)
```

任务巩固——生成规定大小的金字塔

大家可以在 cv2.pyrDown()函数中设置生成金字塔的目标图像大小。根据该函数定义的方法，将例 7.1 中的图像生成大小分别为 400×600、200×300、100×150 的高斯金字塔，运行结果如图 7.3 所示。

图 7.3　生成规定大小的金字塔

任务 2　拉普拉斯金字塔

任务目标

❖ 使用图像金字塔向上和向下采样函数进行操作。

❖ 能够根据分析金字塔图像逆向操作的结果。

❖ 能够构建拉普拉斯金字塔。

任务场景

虽然一幅图像在先后经过向下采样、向上采样后，会恢复为原始大小，但是向上采样和向下采样不是互逆的。本任务主要介绍图像金字塔向上和向下采样，分析图像金字塔采样不可恢复性，并引入拉普拉斯金字塔。

任务准备

拉普拉斯金字塔是通过原始图像减去先缩小后放大的图像的一系列图像构成的，其操作流程如图 7.4 所示。

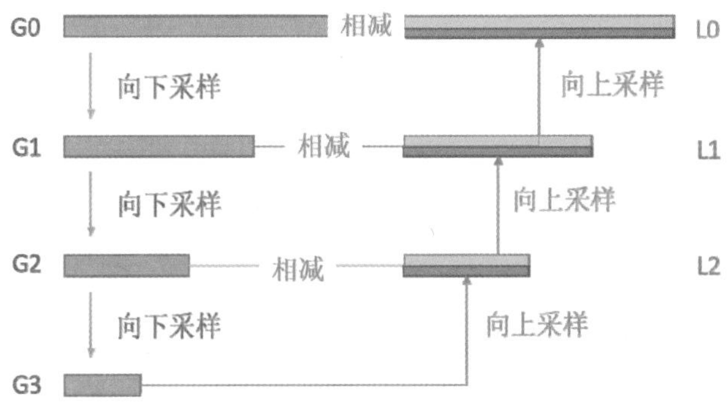

图 7.4 拉普拉斯金字塔的操作流程

在 OpenCV 中，用户可以先使用 c2.pyrUp()函数完成向上采样后，再利用以下公式构建拉普拉斯金字塔：

$$Li = Gi - pyrUp(Gi + 1)$$

在上述公式中：

- Li：表示拉普拉斯金字塔中的第 *i* 层。
- Gi：表示高斯金字塔中的第 *i* 层。

任务演练——图像融合

下面通过金字塔逆向比较，帮助大家更好地理解图像大小采样的不可逆性。

【例 7.3】使用 cv2.pyrDown()函数和 cv2.pyrUp()函数对图像先向下采样两次，再向上采样两次，并进行对比。

```
import cv2
import numpy as np
G0 = cv2.imread("pyr.jpg")
G1=cv2.pyrDown(G0)
G2=cv2.pyrDown(G1)
cv2.imshow("G0", G0)
cv2.imshow("G1", G1)
cv2.imshow("G2", G2)
L1=cv2.pyrUp(G2)
L0=cv2.pyrUp(L1)
```

```
cv2.imshow("G0", G0)
cv2.imshow("G1", G1)
cv2.imshow("G2", G2)
cv2.imshow("L1", L1)
cv2.imshow("L0", L0)
print("G0.shape=",G0.shape)
print("G1.shape=",G1.shape)
print("G2.shape=",G2.shape)
print("L1.shape=",L1.shape)
print("L0.shape=",L0.shape)
cv2.waitKey(0)
cv2.destroyAllWindows()
```

运行程序，显示如图 7.5 所示的运行结果。可以发现金字塔的向上、向下采样并不会改变图像的大小，但是会明显改变图像的显示质量，其原因是金字塔在向下采样过程中丢失了像素信息。

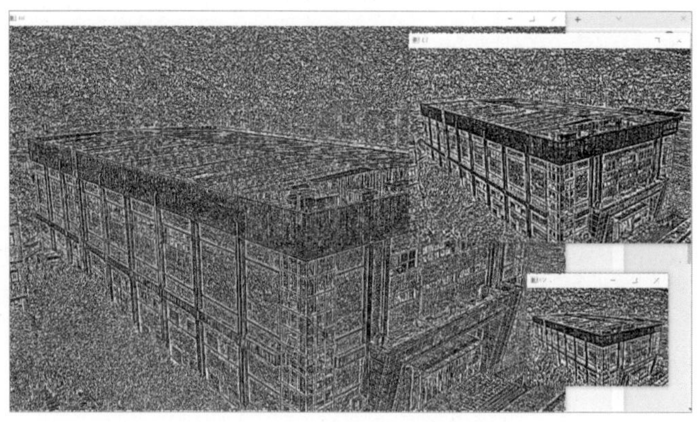

图 7.5　生成拉普拉斯金字塔

【例 7.4】使用 cv2.pyrDown()函数和 cv2.pyrUp()函数生成拉普拉斯金字塔。

微课 使用 cv2.pyrDown()函数和 cv2.pyrUp()函数生成拉普拉斯金字塔

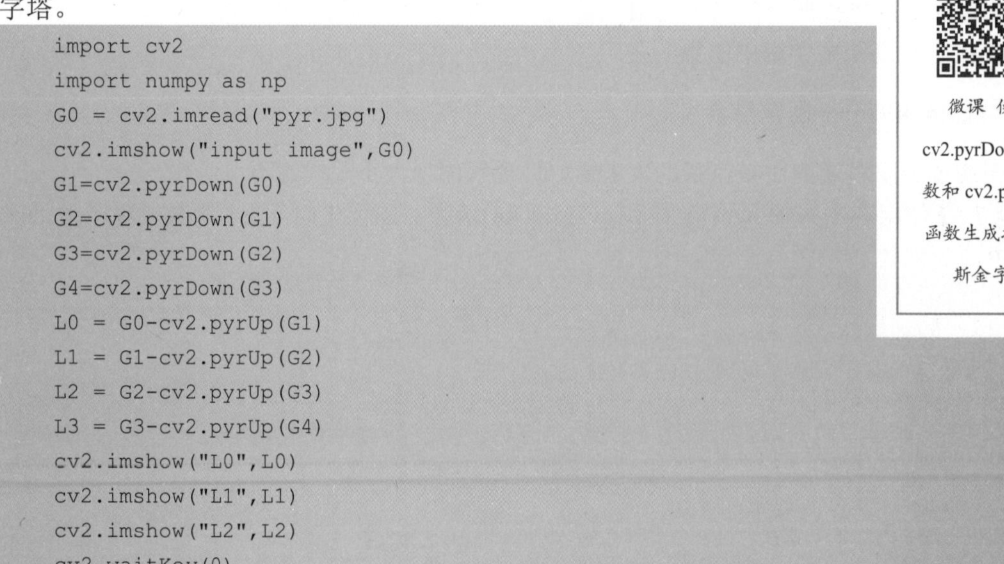

```
import cv2
import numpy as np
G0 = cv2.imread("pyr.jpg")
cv2.imshow("input image",G0)
G1=cv2.pyrDown(G0)
G2=cv2.pyrDown(G1)
G3=cv2.pyrDown(G2)
G4=cv2.pyrDown(G3)
L0 = G0-cv2.pyrUp(G1)
L1 = G1-cv2.pyrUp(G2)
L2 = G2-cv2.pyrUp(G3)
L3 = G3-cv2.pyrUp(G4)
cv2.imshow("L0",L0)
cv2.imshow("L1",L1)
cv2.imshow("L2",L2)
cv2.waitKey(0)
```

```
    cv2.destroyAllWindows()
```

运行程序，显示如图 7.5 所示的运行结果。

任务巩固——使用自定义函数生成 4 级高斯金字塔

cv2.pyrDown()函数和 cv2.pyrUp()函数在生成过程中可进行重复运算。下面编写一个自定义函数 pyramid_demo()来生成 4 级高斯金字塔，如图 7.6 所示。

```
    import cv2                         #导入 OpenCV 库
    src = cv2.imread("pyr.jpg")        #读取图像
    pyramid_demo(src,4)                #使用自定义函数生成 4 级高斯金字塔
    cv2.waitKey(0)
    cv2.destroyAllWindows()
```

图 7.6　使用自定义函数生成 4 级高斯金字塔

任务 3　还原高分辨率的图像

任务目标

- ❖ 能够编程实现利用拉普拉斯金字塔还原高清图像。
- ❖ 能够理解图像金字塔的实际作用。

任务场景

我们通过例 7.3，发现图像向下采样后是无法恢复原始高分辨率图像的，基于拉普拉斯金字塔的构建，可以完成高分辨率的图像恢复。本任务主要介绍如何利用高斯金字塔和拉普拉斯金字塔完成图像压缩与高分辨率还原。

任务准备

拉普拉斯金字塔的作用在于能够恢复高分辨率的图像。图 7.7 所示为拉普拉斯金字塔的逻辑示意图。

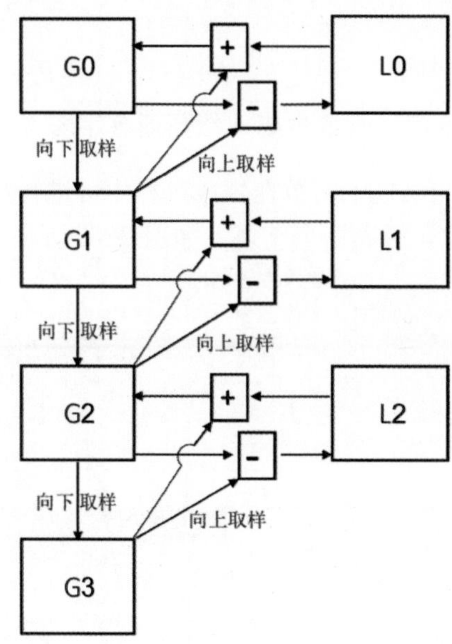

图 7.7 拉普拉斯金字塔逻辑示意图

- G0、G1、G2、G3 分别是高斯金字塔的第 0 层、第 1 层、第 2 层、第 3 层。
- L0、L1、L2 分别是拉普拉斯金字塔的第 0 层、第 1 层、第 2 层。
- 向下的箭头表示向下采样操作（对应 cv2.pyrDown()函数）。
- 向右上方的箭头表示向上采样操作（对应 cv2.pyrUp()函数）。
- 加号“+”表示加法操作。
- 减号“-”表示减法操作。

相应的实现过程如下：

```
#向下采样（高斯金字塔的构成）
G1=cv2.pyrDown(G0)
G2=cv2.pyrDown(G1)
G3=cv2.pyrDown(G2)
#拉普拉斯金字塔
L0=G0-cv2.pyrUp(G1)
L1=G1-cv2.pyrUp(G2)
L2=G2-cv2.pyrUp(G3)
#向上采样恢复高分辨率的图像
G0=L0+cv2.pyrUp(G1)
G1=L1+cv2.pyrUp(G2)
G2=L2+cv2.pyrUp(G3)
```

任务演练——还原高分辨率的图像

微课 还原高分辨率的图像

【例 7.5】对向下采样的图像进行高分辨率恢复。

```
import cv2
import numpy as np
G0 = cv2.imread("pyr.jpg")
cv2.imshow("input image",G0)
```

```
#生成高斯金字塔
G1=cv2.pyrDown(G0)
G2=cv2.pyrDown(G1)
G3=cv2.pyrDown(G2)
G4=cv2.pyrDown(G3)
l3=cv2.pyrUp(G4)
l2=cv2.pyrUp(l3)
l1=cv2.pyrUp(l2)
l0=cv2.pyrUp(l1)
#生成拉普拉斯金字塔
L0 = G0-cv2.pyrUp(G1)
L1 = G1-cv2.pyrUp(G2)
L2 = G2-cv2.pyrUp(G3)
L3 = G3-cv2.pyrUp(G4)
cv2.imshow("L0",L0)
cv2.imshow("L1",L1)
cv2.imshow("L2",L2)
#恢复高分辨率的图像
G00=L0+cv2.pyrUp(G1)
cv2.imshow("l0",l0)
cv2.imshow("G00",G00)
cv2.imshow("input image",G0)
cv2.waitKey(0)
cv2.destroyAllWindows()
```

运行程序，显示如图 7.8 所示的运行结果。

原始图像

恢复图像

图 7.8　还原高分辨率的图像

可以看到，利用拉普拉斯恢复的图像与原始图像没有差别。

任务巩固——判断原始图像与恢复图像的差异度

利用任务演练思考并判断原始图像与恢复图像的差异度，利用图像运算得出拉普拉斯金字塔用于图像恢复处理的可靠性，如图 7.9 所示。

原始图像

恢复图像

图 7.9　原始图像与恢复图像的差异度对比

任务 4　使用图像金字塔进行图像融合

任务目标

❖ 掌握利用图像金字塔进行图像融合的方法。

任务场景

图像融合是金字塔的一个应用。例如，在图像融合中需要将两幅图像叠加在一起，但是由于连接区域图像像素的不连续性，整幅图像的效果看起来很差。图像金字塔能够用于实现连接区域图像像素的无缝连接。本任务主要介绍使用图像金字塔进行图像融合。

任务准备

两幅图像融合的基本操作是图像拼接，在图像矩阵维度的理解就是多维数组的堆叠。本任务可以使用 Numpy 库中的 hstack()函数用于实现水平堆叠输入数组中的序列（按列排列）以形成单个数组。vstack()函数的功能与 hstack()函数的功能相反。

hstack(tup)函数中的参数 tup 可以是元组、列表或 numpy 数组，其返回结果为 numpy 数组。但是图像拼接需要传入两个多维数组，而 hstack()函数只需要一个参数，因此 hstack()函数中需要传入包含两个元素的元组，如 hstack((list1,list2))，这样就能实现两幅图像水平方向的拼接。同理，vstack()函数用于实现图像垂直方向的拼接。

微课 图像融合

任务演练——图像融合

【例 7.6】利用图像金字塔实现两幅图像之间的无缝拼接。

```
import cv2
import numpy as np
A = cv2.imread('huang.jpeg')
A = cv2.resize(A,(256,256),interpolation=cv2.INTER_CUBIC)
B = cv2.imread('lv.jpeg')
B = cv2.resize(B,(256,256),interpolation=cv2.INTER_CUBIC)
```

```
# 生成高斯金字塔
G = A.copy()
gpA = [G]
for i in range(5):
    G = cv2.pyrDown(G)
    gpA.append(G)

G = B.copy()
gpB = [G]
for i in range(5):
    G = cv2.pyrDown(G)
    gpB.append(G)
# 生成拉普拉斯金字塔
lpA = [gpA[5]]
for i in range(5,0,-1):
    GE = cv2.pyrUp(gpA[i])
    L = gpA[i-1]-GE
    lpA.append(L)

lpB = [gpB[5]]
for i in range(5,0,-1):
    GE = cv2.pyrUp(gpB[i])
    L = gpB[i-1]-GE
    lpB.append(L)
# 合并
LS = []
for la,lb in zip(lpA,lpB):
    rows,cols,dpt = la.shape
    ls = np.hstack((la[:,0:cols//2], lb[:,cols//2:]))
    LS.append(ls)
# 重新构建图像
ls_ = LS[0]
for i in range(1,6):
    ls_ = cv2.pyrUp(ls_)
    ls_ = ls_+LS[i]
# 连接两幅图像
real = np.hstack((A[:,:cols//2],B[:,cols//2:]))
cv2.imshow("apple",A)
cv2.imshow("orange",B)
cv2.imshow("LS",ls_)
cv2.imshow("Real",real)
cv2.waitKey()
cv2.destroyAllWindows()
```

运行程序，显示如图 7.10 所示的运行结果。

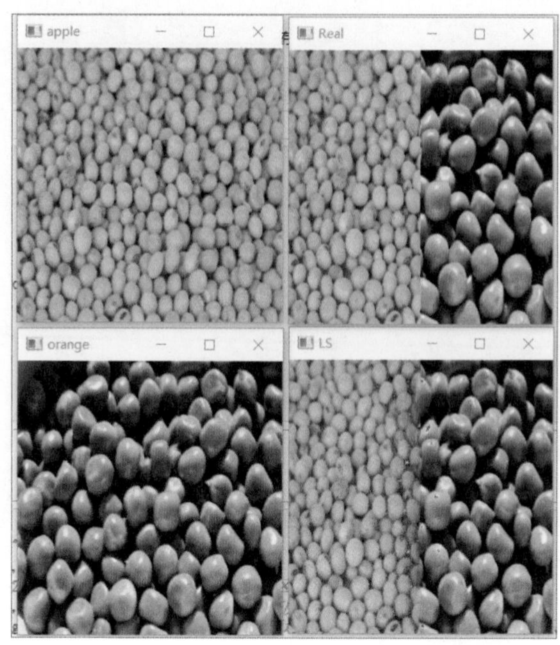

图 7.10 基于图像金字塔的融合

任务巩固——图像融合

用户根据前面所学的知识，使用基于图像金字塔的融合方法实现下面的图像融合，效果如图 7.11 所示。

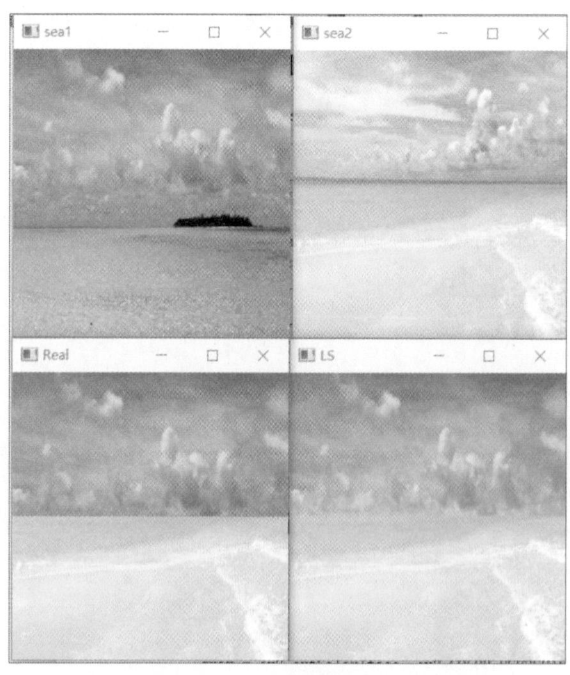

图 7.11 图像融合效果图

项目8

图像轮廓

项目介绍

图像轮廓是由一系列相连的点组成的曲线，代表了物体的基本外形。相对于边缘，轮廓是连续的，而边缘并不是全部连续的。图像轮廓特征是图像中非常重要的一种特征。在进行视觉检测时，我们经常利用轮廓的大小、位置、方向等特征来达到检测的目的。本项目主要介绍查找与绘制图像轮廓的方法、轮廓的长度和面积、轮廓拟合、凸包及常见的应用场景。

学习目标

- ✧ 掌握查找与绘制图像轮廓的方法。
- ✧ 掌握轮廓面积与长度的计算方法。
- ✧ 了解形状匹配方法。
- ✧ 掌握轮廓几何形状拟合的方法。
- ✧ 熟悉凸包的概念及使用方法。
- ✧ 掌握使用凸缺陷检测进行实际场景应用的方法。
- ✧ 掌握轮廓的常见特征。
- ✧ 熟悉轮廓特征值的应用场景。
- ✧ 能根据特征值对轮廓进行分类。

任务1　查找与绘制图像轮廓

任务目标

- ❖ 理解图像轮廓的概念。
- ❖ 掌握查找图像轮廓的方法。

❖ 掌握绘制图像轮廓的方法。

❖ 能够完成实物轮廓检测。

任务场景

图像的轮廓能描述图像的形状特征，减少无关因素的干扰。本任务主要介绍查找与绘制图像轮廓的方法，在二值图像中对图像轮廓进行检索，方便后续进行分析处理。

任务准备

8.1.1 查找图像轮廓

在 OpenCV 中，用户可以使用 cv2.findContours()函数查找图像轮廓，并根据参数返回特定表达方式的图像轮廓。该函数的语法格式为：

```
contours, hierarchy = cv2.findContours(image,mode, method)
```

- contours：表示返回的轮廓。
- hierarchy：表示图像的拓扑信息（轮廓层次）。
- image：表示待查找的图像，应为阈值处理或 Canny 边缘检测得到的图像。
- mode：表示轮廓的检索模式，可选参数 cv2.RETR_EXTERNAL 表示只检测外轮廓，cv2.RETR_LIST 表示检测的轮廓不建立等级关系，cv2.RETR_CCOMP 表示建立两个等级的轮廓，cv2.RETR_TREE 表示建立一个等级的轮廓。
- method：表示轮廓的近似方法，可选参数 cv2.CHAIN_APPROX_NONE 表示存储所有的轮廓点，cv2.CHAIN_APPROX_SIMPLE 表示压缩水平方向、垂直方向、对角线方向的元素，只保留该方向的终点坐标，如一个矩形轮廓只需 4 个点来保存轮廓信息。

8.1.2 绘制图像轮廓

在 OpenCV 中，用户可以使用 cv2.drawContours()函数绘制图像轮廓。该函数的语法格式为：

```
image = cv2.drawContours(image, contours,contourIdx,color,thickness=None,
lineType=None)
```

- image：表示待绘制轮廓的图像。
- contours：表示需要绘制的图像轮廓，是 cv2.findContours()函数的返回值。
- contourIdx：表示需要绘制的图像轮廓索引，即要绘制的某一条图像轮廓。如果要绘制全部轮廓，将该参数的值设置为-1。
- color：表示要绘制的图像轮廓颜色，参数使用 BGR 格式，如（255,255,255）。
- thickness：表示要绘制图像轮廓的粗细程度。如果将该值设置为-1，则表示要绘制实心轮廓。
- lineType：表示线条类型。

任务演练——实现图像轮廓的查找与绘制

微课 实现图像轮廓的查找与绘制

下面通过介绍常见的图像轮廓查找与绘制实例，帮助大家更好地理解如何应用函数进行图像轮廓检测。

【例 8.1】使用 cv2.RETR_EXTERNAL 参数绘制图像外轮廓。

```
import cv2
import numpy as np
img = cv2.imread('shape.jpg')                      #读取图像
gray = cv2.cvtColor(img,cv2.COLOR_BGR2GRAY)        #转为灰度值图
ret, binary = cv2.threshold(gray,180,255,0)        #转为二值图
#查找轮廓
contours, hierarchy = cv2.findContours(binary,cv2.RETR_EXTERNAL,\
                                 cv2.CHAIN_APPROX_NONE)
#-1 表示绘制全部轮廓
dst = cv2.drawContours(img,contours,-1,(0,255,255),thickness=5)
cv2.imshow("contours",dst)                         #显示轮廓
cv2.waitKey()
cv2.destroyAllWindows()
```

运行程序，显示如图 8.1 所示的运行结果。

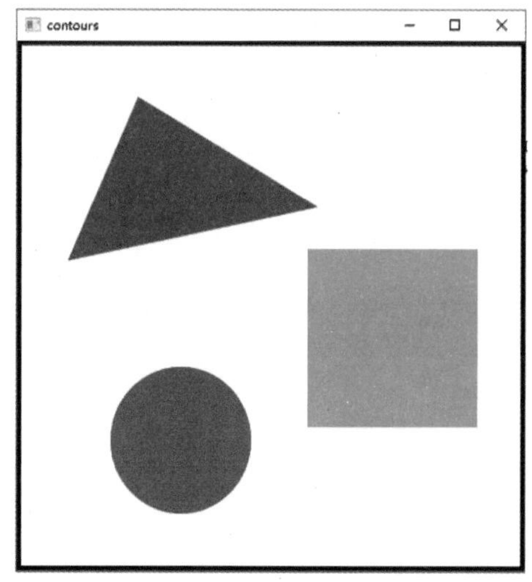

图 8.1　查找与绘制图像的外轮廓

【例 8.2】使用 cv2.RETR_TREE 参数绘制图像的全部轮廓。

```
import cv2
import numpy as np
img = cv2.imread('shape.jpg')                                  #读取图像
gray = cv2.cvtColor(img,cv2.COLOR_BGR2GRAY)                    #转为灰度值图
ret, binary = cv2.threshold(gray,180,255,0)                    #转为二值图
#查找轮廓
contours, hierarchy = cv2.findContours(binary,cv2.RETR_TREE,\
                                 cv2.CHAIN_APPROX_NONE)
#-1 表示绘制全部轮廓
dst = cv2.drawContours(img,contours,-1,(0,255,255),thickness=5)
cv2.imshow("binary",binary)                                    #显示二值化图像
cv2.imshow("contours",dst)                                     #显示轮廓
cv2.waitKey()
cv2.destroyAllWindows()
```

运行程序，显示如图 8.2 所示的运行结果。

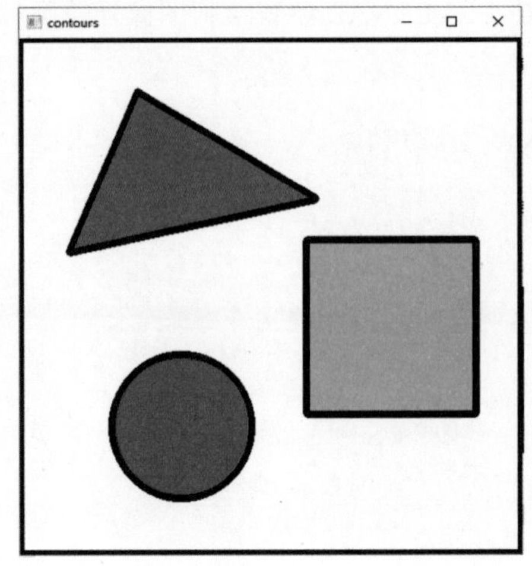

图 8.2　绘制图像的全部轮廓

【练习】使用查找与绘制图像轮廓的方法，仅绘制第一个图像轮廓。

任务巩固——绘制图像中面积最小的轮廓

通过“len(contours[i])”语句可以获取单个轮廓中的像素数目。下面采用轮廓像素数目对比的方式查找与绘制图像中面积最小的轮廓，并将运行结果与代码保存上交，效果如图 8.3 所示。

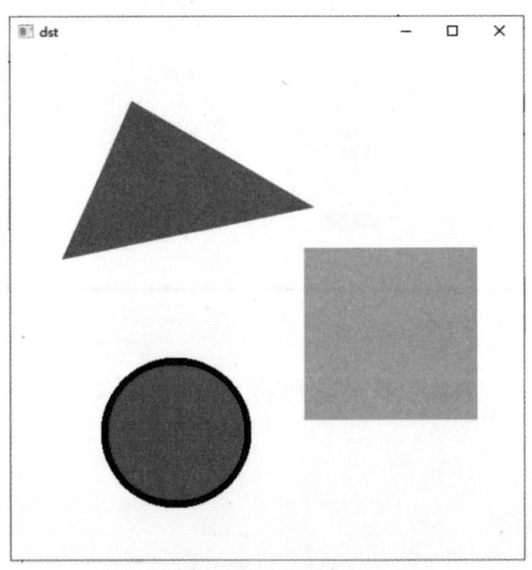

图 8.3　绘制图像中面积最小的轮廓

任务 2　计算轮廓长度与面积

任务目标

❖ 掌握轮廓长度与面积的计算方法。
❖ 能根据轮廓长度与面积对感兴趣区域进行筛选。

任务场景

图像轮廓具有大小、位置、角度、形状等特征，这些特征被广泛应用于模式识别、图像识别等方面。而通过计算图像轮廓的面积与长度能够有效地对图像信息进行分类。本任务主要介绍图像轮廓长度与面积的计算方法。

任务准备

8.2.1　轮廓长度的计算方法

在 OpenCV 中，用户可以使用 cv2.arcLength()函数实现轮廓长度的计算。该函数的语法格式为：

```
length=cv2.arcLength(curve,closed)
```

- length：表示返回的轮廓长度。
- curve：表示待处理的单个轮廓。
- closed：用于指示轮廓是否封闭，True 表示封闭，False 表示未封闭。

8.2.2　轮廓面积的计算方法

在 OpenCV 中，用户可以使用 cv2.contourArea()函数实现轮廓面积的计算。该函数的语法格式为：

```
area=cv2.contourArea(curve,closed)
```

- area：表示返回的轮廓面积。
- curve：表示待处理的单个轮廓。
- closed：用于指示轮廓是否封闭，True 表示封闭，False 表示未封闭。

微课 计算轮廓长度及面积

任务演练——计算轮廓长度及面积

下面通过介绍轮廓长度及面积计算的实例，帮助大家更好地理解如何应用函数进行轮廓常见特征的计算。

【例 8.3】使用 cv2.arcLength()函数计算轮廓长度，返回结果单位为像素点个数。

```
import cv2
img = cv2.imread('shape.jpg')                                      #读取图像
gray = cv2.cvtColor(img,cv2.COLOR_BGR2GRAY)                        #转为灰度值图
ret, binary = cv2.threshold(gray,220,255,cv2.THRESH_BINARY)        #转为二值图
contours, hierarchy = cv2.findContours(binary,cv2.RETR_TREE,\
                                 cv2.CHAIN_APPROX_NONE)            #查找轮廓
n=len(contours)                                                    #轮廓个数
contoursImg=[]
for i in range(n):
    length = cv2.arcLength(contours[i], True)                      #获取轮廓长度
    print(f"轮廓{i+1}的长度：\n{length}")
```

运行程序，显示如图 8.4 所示的运行结果。当前共有 4 个轮廓，每个轮廓都有对应的长度。

```
轮廓1的长度：
1996.0
轮廓2的长度：
462.27416610717773
轮廓3的长度：
673.6568541526794
轮廓4的长度：
673.6122596263885
```

图 8.4　轮廓长度的计算结果

【例 8.4】使用 cv2.contourArea()函数计算轮廓面积，返回结果单位为像素点个数。

```
import cv2
img = cv2.imread('shape.jpg')                                    #读取图像
gray = cv2.cvtColor(img,cv2.COLOR_BGR2GRAY)                      #转为灰度值图
ret, binary = cv2.threshold(gray,220,255,cv2.THRESH_BINARY)      #转为二值图
contours, hierarchy = cv2.findContours(binary,cv2.RETR_TREE,\
                                cv2.CHAIN_APPROX_NONE)           #查找轮廓
n=len(contours)                                                  #轮廓个数
contoursImg=[]
for i in range(n):
    area = cv2.contourArea(contours[i])
    print(f"轮廓{i}的面积：\n{area}")
```

运行程序，显示如图 8.5 所示的运行结果。

```
轮廓0的面积：
249001.0
轮廓1的面积：
15321.0
轮廓2的面积：
28559.0
轮廓3的面积：
17753.0
```

图 8.5　轮廓面积的计算结果

任务巩固——绘制手掌轮廓

下面综合使用轮廓长度和面积方法，仅绘制手掌轮廓，效果如图 8.6 所示。

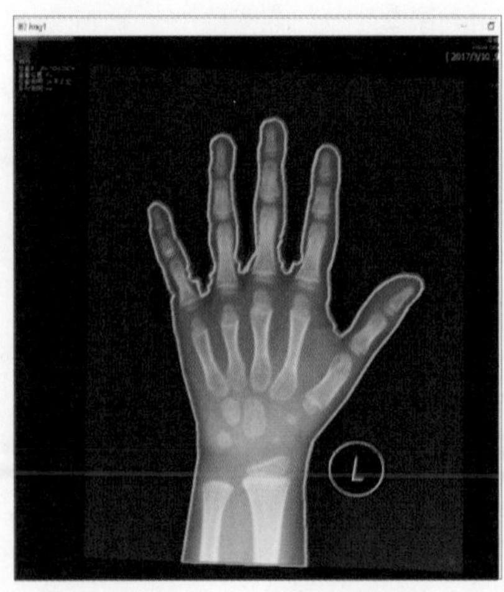

图 8.6　手掌轮廓效果图

任务 3　实现形状匹配

任务目标

❖ 能够编程实现形状匹配。

❖ 能够编程实现最优轮廓匹配。

任务场景

轮廓匹配的原理是利用轮廓的不变性特征来判断轮廓之间的相似度。OpenCV 中提供了用于形状匹配的基本函数 cv2.matchShapes()。当这个函数使用某轮廓在待搜索图像中进行搜索时，能搜索出与模板中最为相似的轮廓。本任务主要介绍 cv2.matchShapes()函数的使用方法及其应用场景。

任务准备

Hu.M.K 于 1962 年发现了轮廓的一些特征，并证明了它们具有旋转、缩放和平移的特征。这些特征以 Hu.M.K 的名字命名，它们被统称为“Hu 矩”。轮廓实质上就是一组轮廓点的集合，因此轮廓也可以利用 Hu 矩来判断相似度。cv2.matchShapes()函数内置了 Hu 矩的计算公式，默认的匹配公式就是 Hu 矩匹配，这就不需要手动计算 Hu 矩。cv2.matchShapes()函数也有缺点，即只能匹配单个轮廓。

在 OpenCV 中，用户可以使用 cv2.matchShapes()函数进行形状匹配。该函数的语法形式如下：

```
retval = cv2.matchShapes(contour1, contour2, method, 0.0)
```

- retval：表示计算得到的返回结果。
- contour1：第一个灰度或轮廓图像。
- contour2：第二个灰度或轮廓图像。
- method：比较两个对象的 Hu 矩的方法，通常将该参数的值设置为 1。

微课 形状匹配

任务演练——形状匹配

下面主要介绍常见的形状匹配方法。

【例 8.5】判断 m1、m2 两幅图像形状是否匹配。

```
import cv2
#读取图像
o1 = cv2.imread('m1.png')
o2 = cv2.imread('m2.png')
#转化为灰度图像
gray1 = cv2.cvtColor(o1,cv2.COLOR_BGR2GRAY)
gray2 = cv2.cvtColor(o2,cv2.COLOR_BGR2GRAY)
#二值化处理
ret, binary1 = cv2.threshold(gray1,127,255,cv2.THRESH_BINARY)
ret, binary2 = cv2.threshold(gray2,127,255,cv2.THRESH_BINARY)
#查找轮廓
```

```
    contours1, hierarchy =
cv2.findContours(binary1,cv2.RETR_LIST,cv2.CHAIN_APPROX_SIMPLE)
    contours2, hierarchy =
cv2.findContours(binary2,cv2.RETR_LIST,cv2.CHAIN_APPROX_SIMPLE)
    #提取第一个轮廓
    cnt1 = contours1[0]
    cnt2 = contours2[0]
    #执行形状匹配
    ret0 = cv2.matchShapes(cnt1,cnt1,1,0.0)
    ret1 = cv2.matchShapes(cnt1,cnt2,1,0.0)
    #输出形状匹配结果
    print("相同图像的 matchShape=",ret0)
    print("相似图像的 matchShape=",ret1)
```

运行程序，显示如图 8.7 所示的运行结果。

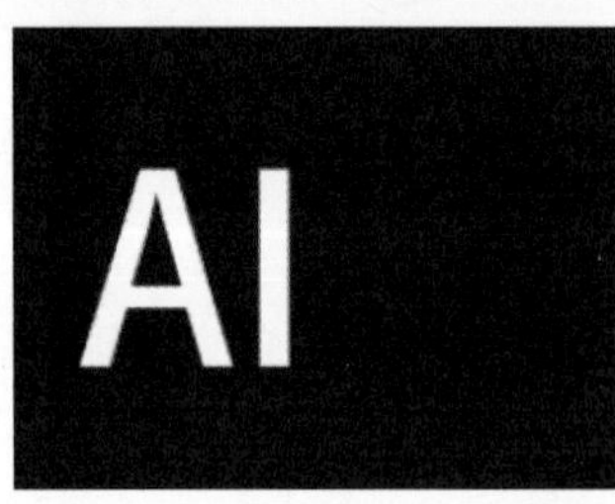

图 8.7　轮廓匹配待检测图像

输出结果为：

```
相同图像的 matchShape= 0.0
相似图像的 matchShape= 0.28749410662718267
```

可以看到，matchShape 的值越接近于 0，图像的轮廓相似度越高。

任务巩固——判断 m1、m2、m3 三幅图像哪张更相似

现有 m1、m2、m3 三幅图像（见图 8.8），请使用上述方法进行对比，输出最为相似的两幅图像。

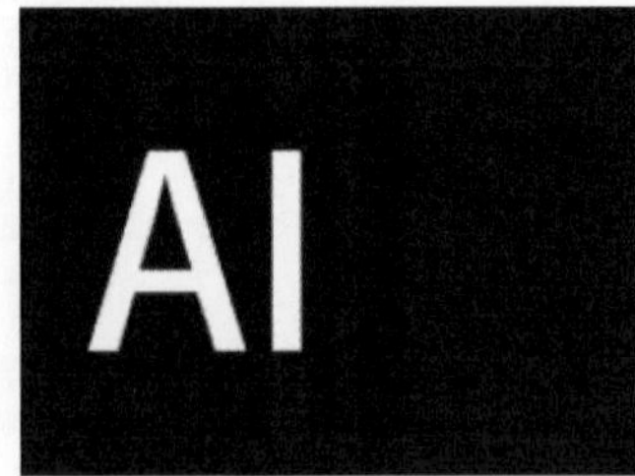

图 8.8　m1、m2、m3 三幅图像

任务 4　轮廓的几何形状拟合

任务目标

❖ 掌握轮廓几何形状拟合的方法。

任务场景

由于噪声和光照的影响，物体的轮廓会出现不规则的形状，不规则的轮廓形状不利于对图像内容进行分析，此时需要将物体的轮廓拟合成规则的几何形状，根据需要可以将图像轮廓拟合成矩形、多边形等。本任务主要介绍常见的几何形状拟合方法。

任务准备

8.4.1　矩形包围框

矩形包围框用于计算包围指定轮廓点集的左上角顶点的坐标及矩形长度和宽度，最终得到的是外部矩形而不是内部矩形。

在 OpenCV 中，用户可以使用 cv2.boundingRect()函数绘制矩形包围框。该函数的语法格式为：

```
x, y, w, h=cv2.boundingRect(array)
```

- x：表示矩形边界左上角顶点的 x 坐标。
- y：表示矩形边界左上角顶点的 y 坐标。
- w：表示矩形边界的 x 方向的宽度。
- h：表示矩形边界的 y 方向的长度。
- array：表示轮廓或灰度图像。

图 8.9 所示为矩形包围框示例。

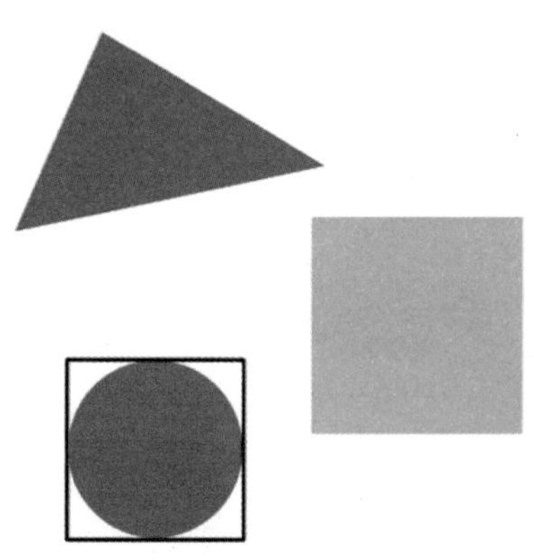

图 8.9　矩形包围框示例

8.4.2　最小外接矩形框

在 OpenCV 中，用户可以使用 cv2.minAreaRect(cnt)函数，返回轮廓的最小外接矩形。该函数的语法格式为：

```
retval=cv2.minAreaRect(cnt)
```

- retval：表示矩形的特征信息，其数据结构为中心点(x,y)、旋转角度。
- cnt：表示点集数组或向量（里面存放的是点的坐标），即某一轮廓。

图 8.10 所示为最小外接矩形框示例。

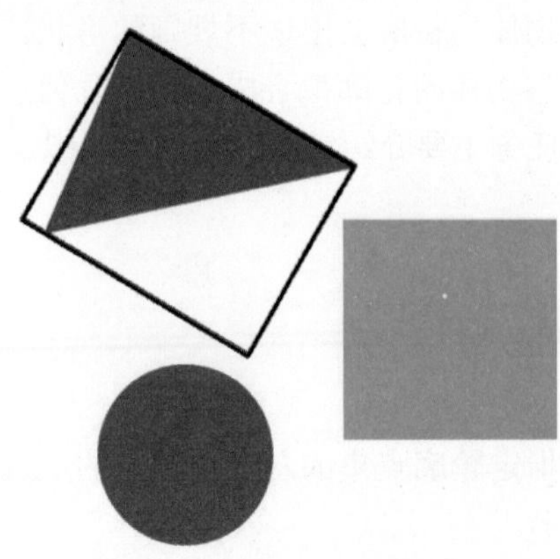

图 8.10　最小外接矩形框示例

8.4.3　最小包围圆形

在 OpenCV 中，用户可以使用 cv2.minEnclosingCircle(cnt)函数返回轮廓的最小包围圆形。该函数的语法格式为：

```
retval=cv2.minEnclosingCircle(cnt)
```

- retval：表示轮廓的特征信息，其数据结构为中心点(x,y)、半径 radius。
- cnt：表示点集数组或向量（里面存放的是点的坐标），即某一轮廓。

图 8.11 所示为最小包围圆形示例。

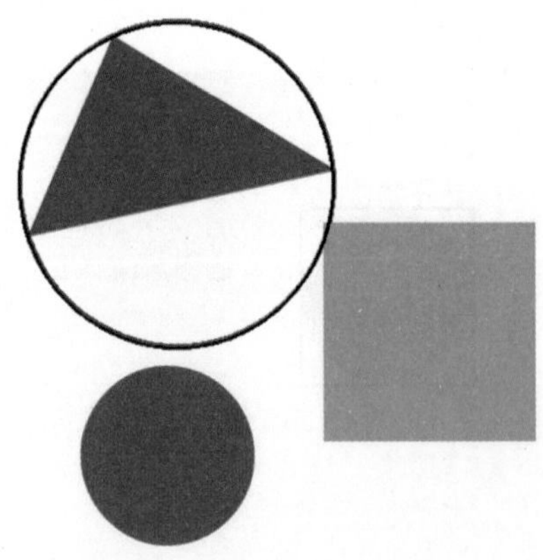

图 8.11　最小包围圆形示例

8.4.4　逼近多边形

在数字化时，要对曲线进行采样，即在曲线上取有限个点，将其变为折线，并且能够在一定程度上保持原有的形状。其语法格式为：

```
approx = cv2.approxPolyDP(contour[0],epsilon,True)
```

- approx：表示轮廓的点集。
- contour：表示轮廓集合，contour[0]表示第一个轮廓集合。
- epsilon：滤掉的线段与离新产生的线段集的距离为 d，如果 d 小于 epsilon 的值，则滤掉，否则保留。
- True：表示新产生的轮廓为闭合。

图 8.12 所示为逼近多边形示例。

epsilon=75，采样点为4

epsilon=15，采样点为17

epsilon=3，采样点为30

图 8.12　逼近多边形示例

任务演练——几何形状拟合实践

微课 几何形状拟合实践

下面主要介绍常见的几何形状拟合方法。

【例 8.6】使用矩形包围框进行拟合。

```
import cv2
img=cv2.imread('shape.jpg')   #读取图像
cv2.imshow("result",img)      #显示结果图像
gray = cv2.cvtColor(img,cv2.COLOR_BGR2GRAY)                    #转化为灰度图
ret, binary = cv2.threshold(gray,127,255,cv2.THRESH_BINARY) #二值化操作
contours, hierarchy = 
cv2.findContours(binary,cv2.RETR_LIST,cv2.CHAIN_APPROX_SIMPLE) #查找轮廓
#获取第一个轮廓的矩形包围框
x,y,w,h=cv2.boundingRect(contours[0])
#使用 cv2.rectangle()函数绘制矩形包围框
cv2.rectangle(img,(x,y),(x+w,y+h),(0,0,0),2)
cv2.imshow("original",img)#显示原图
cv2.waitKey()
cv2.destroyAllWindows()
```

运行程序，显示如图 8.13 所示的运行结果。

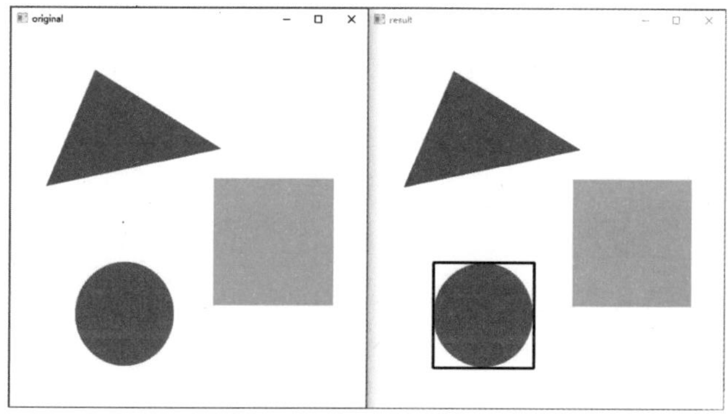

图 8.13　使用矩形包围框进行拟合的结果

【例 8.7】使用最小包围矩形框进行拟合。

```
import cv2
import numpy as np
img=cv2.imread('shape.jpg')                                    #读取图像
cv2.imshow("original",img)                                     #显示原始图像
gray = cv2.cvtColor(img,cv2.COLOR_BGR2GRAY)                    #转化为灰度图
ret, binary = cv2.threshold(gray,127,255,cv2.THRESH_BINARY)    #二值化操作
contours, hierarchy = cv2.findContours(binary,cv2.RETR_LIST,cv2.CHAIN_APPROX
_SIMPLE)#查找轮廓
retval = cv2.minAreaRect(contours[1])          #获取第二个轮廓的最小包围矩形框
points = cv2.boxPoints(retval)                 #将 retval 转换为符合要求的格式
points = np.int64(points)                      #取整
cv2.drawContours(img,[points],0,(0,0,0),2)     #绘制最小包围矩形框
cv2.imshow("result",img)                       #显示结果图
cv2.waitKey()
cv2.destroyAllWindows()
```

运行程序，显示如图 8.14 所示的运行结果。

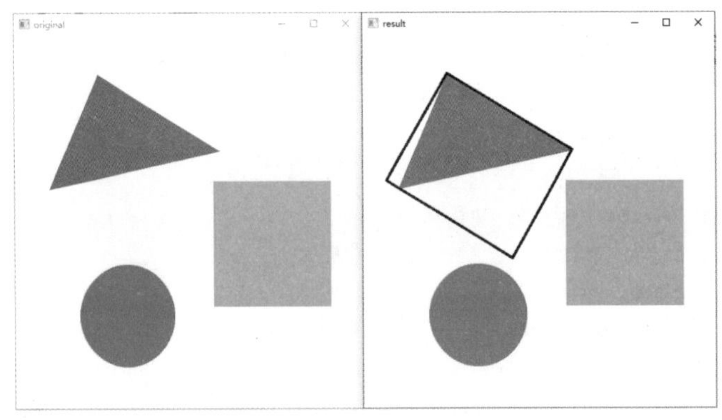

图 8.14　使用最小包围矩形框进行拟合的结果

【例 8.8】使用最小包围圆形进行拟合。

```
import cv2
img=cv2.imread('shape.jpg')                                    #读取图像
cv2.imshow("original",img)                                     #显示原始图像
gray = cv2.cvtColor(img,cv2.COLOR_BGR2GRAY)                    #转化为灰度图
ret, binary = cv2.threshold(gray,127,255,cv2.THRESH_BINARY)    #二值化操作
contours, hierarchy =
cv2.findContours(binary,cv2.RETR_LIST,cv2.CHAIN_APPROX_SIMPLE)     #查找轮廓
(x,y),radius = cv2.minEnclosingCircle(contours[1])     #获取第二个轮廓的最小包围圆形
center = (int(x),int(y))                               #取整
radius = int(radius)                                   #取整
cv2.circle(img,center,radius,(0,0,0),2)#使用 cv2.circle()函数绘制最小包围圆形
cv2.imshow("result",img)                               #显示结果图
cv2.waitKey()
cv2.destroyAllWindows()
```

运行程序，显示如图 8.15 所示的运行结果。

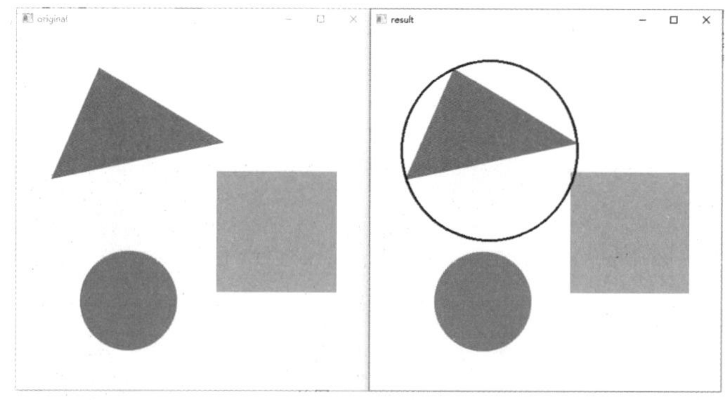

图 8.15　使用最小包围圆形进行拟合的结果

【例 8.9】使用逼近多边形进行拟合。

```
import cv2
import numpy as np
# 查找轮廓
img = cv2.imread('contours3.png')
cv2.imshow("original",img)
gray = cv2.cvtColor(img,cv2.COLOR_BGR2GRAY)
ret, binary = cv2.threshold(gray,127,255,cv2.THRESH_BINARY)
contours, hierarchy =
cv2.findContours(binary,cv2.RETR_LIST,cv2.CHAIN_APPROX_SIMPLE)
cnt = contours[0]
# 进行多边形逼近，获取多边形的角点
approx1 = cv2.approxPolyDP(cnt, 3, True)
approx2 = cv2.approxPolyDP(cnt, 15, True)
approx3 = cv2.approxPolyDP(cnt, 75, True)
# 绘制多边形
adp1=img.copy()
img1=cv2.polylines(adp1, [approx1], True, (255, 0, 0), 2)
cv2.imshow('approxPloyDP1', img1)
adp2=img.copy()
img2=cv2.polylines(adp2, [approx2], True, (0, 255, 0), 2)
cv2.imshow('approxPloyDP2', img2)
adp3=img.copy()
img3=cv2.polylines(adp3, [approx3], True, (0, 0, 255), 2)
cv2.imshow('approxPloyDP3', img3)
cv2.waitKey(0)
cv2.destroyAllWindows()
```

运行程序，显示如图 8.16 所示的运行结果。

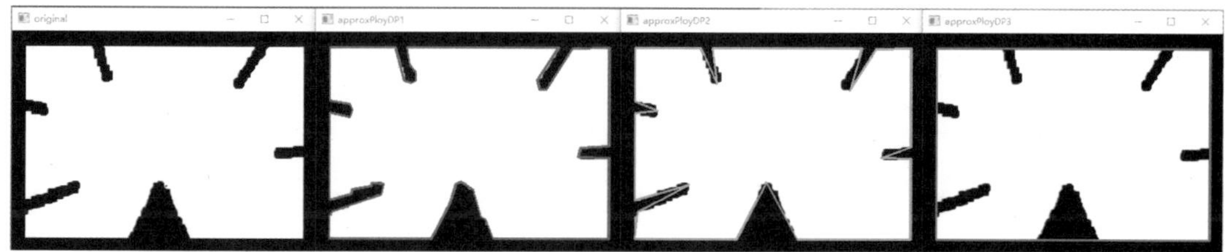

图 8.16　使用逼近多边形进行拟合的结果

任务巩固——使用逼近多边形拟合手掌轮廓

用户根据前面所学的知识，使用逼近多边形拟合手掌轮廓，效果如图 8.17 所示。

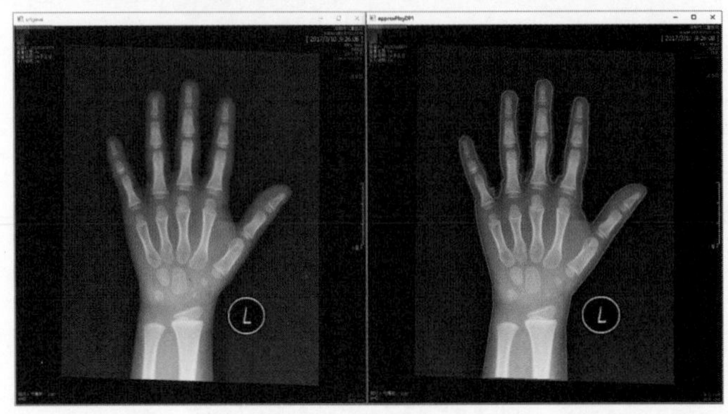

图 8.17　使用逼近多边形拟合手掌轮廓效果图

任务 5　绘制凸包

任务目标

❖ 熟悉凸包的概念及使用方法。

任务场景

凸包是一个计算几何（图形学）中的概念。在二维欧几里得空间中，给定二维平面上的点集，凸包就是将最外层的点连接起来构成的凸多边形，它能包含点集中所有的点，可想象为一条刚好包着所有点的橡皮圈。本任务主要介绍凸包的概念及其应用场景。

任务准备

根据一组平面上的点，求一个包含所有点的最小的凸多边形，这就是凸包问题，如图 8.18 所示。这可以形象地想象为，在地上放置一些不可移动的木桩，用一根绳子把它们尽量紧地圈起来，并且形成凸多边形，这就是凸包。其数学定义为，设 S 为欧几里得空间的任意子集。包含 S 的最小凸集称为“S 的凸包”，记作 Conv(S)。

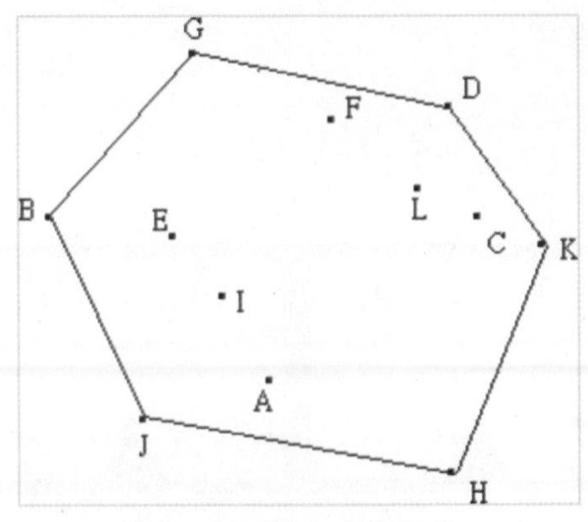

图 8.18　凸包示意图

在 OpenCV 中，用户可以使用 cv2.convexHull()函数绘制凸包。该函数的语法格式为：

```
hull = cv2.convexHull(points[, clockwise[, returnPoints]])
```

- hull ：表示输出凸包结果。
- points：表示输入的坐标点，通常为轮廓。
- clockwise：表示转动方向，True 为顺时针，False 为逆时针。
- returnPoints：默认值为 True，返回凸包上点的坐标，如果设置为 False，则返回与凸包点对应的轮廓上的点。

用户使用凸包可以对轮廓上的关键点进行排序，方便后续对特征点进行处理。

微课 获取简单图形的凸包

任务演练——获取简单图形的凸包

下面主要介绍获取凸包的操作，帮助大家更好地了解凸包的简单使用方法。

【例 8.10】获取简单图形的凸包。

```
import cv2
# 读取图像并转化为灰度图
img = cv2.imread('contours2.png')
gray = cv2.cvtColor(img, cv2.COLOR_BGR2GRAY)
ret, binary = cv2.threshold(gray, 127, 255, cv2.THRESH_BINARY)# 二值化操作
#查找轮廓
contours, hierarchy = cv2.findContours(binary,cv2.RETR_LIST,cv2.CHAIN_APPROX_
NONE)
hull = cv2.convexHull(contours[0])    # 寻找第一个轮廓的凸包并绘制凸包（轮廓）
cv2.polylines(img,[hull],True,(255,0,0),2)
cv2.imshow('hull', img)               # 显示图像
cv2.waitKey()
cv2.destroyAllWindows()
```

运行程序，显示如图 8.19 所示的运行结果。

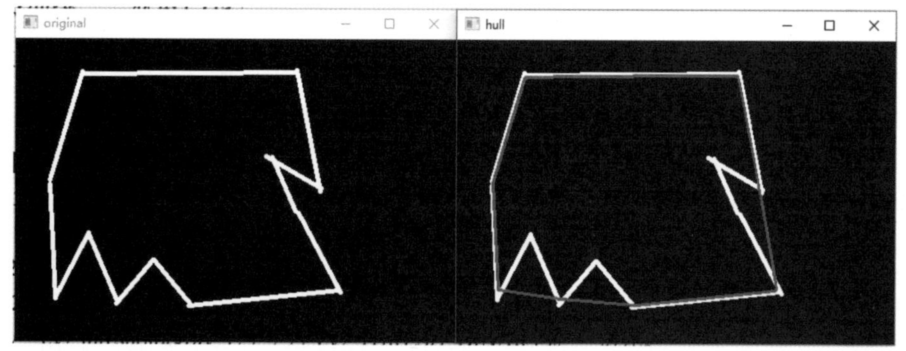

图 8.19　获取凸包的结果

任务巩固——实物凸包检测

用户根据前面所学的知识，检测手掌轮廓凸包，效果如图 8.20 所示。

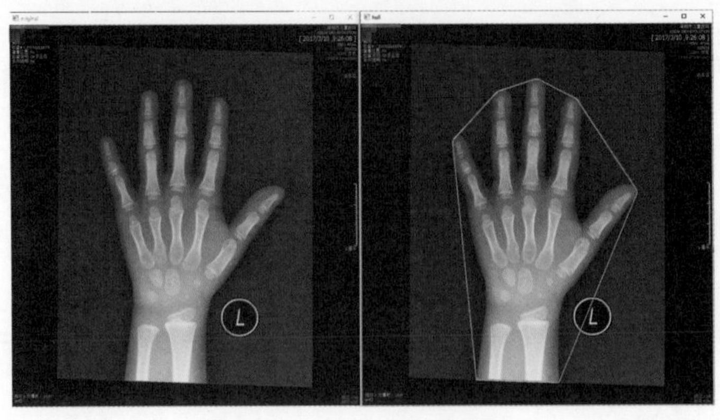

图 8.20　手掌轮廓凸包效果图

任务 6　凸缺陷检测

任务目标

❖ 掌握使用凸缺陷检测进行实际场景应用的方法。

任务场景

轮廓与其凸包的任何偏差都被称为“凸缺陷”，它是图像外轮廓和凸包之间存在的偏差。本任务主要介绍凸缺陷检测的方法及其应用场景。

任务准备

了解物体形状或轮廓的一种方法便是计算一个物体的凸包，然后计算其凸缺陷。每个缺陷区包含 4 个特征量，起点、终点、距离和最远点。通过起点和终点绘制一条直线，在最远点绘制一个圆，构成凸缺陷区。

在 OpenCV 中，用户可以使用 cv2.convexityDefects()函数绘制凸缺陷。该函数的语法格式为：

```
defects=cv2.convexityDefects(contour, hull)
```

- defects：表示输出参数，检测到的最终结果，返回一个数组。其中，每一行包含的值是起点、终点、最远的点、到最远点的近似距离，前 3 个点都是轮廓索引。
- contour：表示输入的坐标点，通常为轮廓。
- hull：表示凸包。

需要注意的是，当获取凸包时，要将参数 returnPoints 设置为 False。

任务演练——检测简单图形的凸缺陷

微课 检测简单图形的凸缺陷

下面主要介绍凸缺陷的操作，帮助大家更好地了解凸缺陷的简单使用方法。

【例 8.11】检测简单图形的凸缺陷。

```
import cv2
# 读取图像并转化为灰度图
img = cv2.imread('contours2.png')
cv2.imshow('original', img)
```

```
    gray = cv2.cvtColor(img, cv2.COLOR_BGR2GRAY)
    ret, binary = cv2.threshold(gray, 127, 255, cv2.THRESH_BINARY)          #二值化
    contours, hierarchy =
cv2.findContours(binary,cv2.RETR_LIST,cv2.CHAIN_APPROX_NONE)                #查找轮廓
    cnt = contours[0]
    hull = cv2.convexHull(cnt,returnPoints = False)                         #寻找凸包
    defects = cv2.convexityDefects(cnt,hull)                                #凸缺陷检测
    for i in range(defects.shape[0]):
        s,e,f,d = defects[i,0]
        start = tuple(cnt[s][0])                                            # 获取索引，要
在轮廓中选出来
        end = tuple(cnt[e][0])
        far = tuple(cnt[f][0])
        cv2.line(img,start,end,[0,0,255],2)                                 #绘制凸包
        cv2.circle(img,far,5,[255,0,0],-1)                                  #绘制凸缺陷
    cv2.imshow('result',img)
    cv2.waitKey(0)
    cv2.destroyAllWindows()
```

运行程序，显示如图 8.21 所示的检测结果。

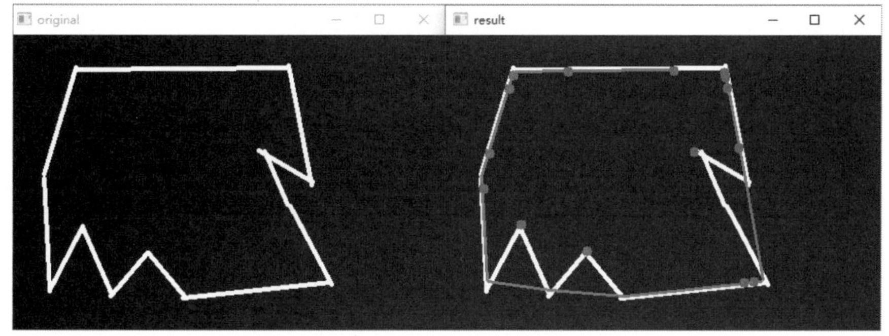

图 8.21　凸缺陷检测结果

任务巩固——实物凸缺陷检测

用户根据前面所学的知识，检测手掌轮廓凸缺陷，效果如图 8.22 所示。

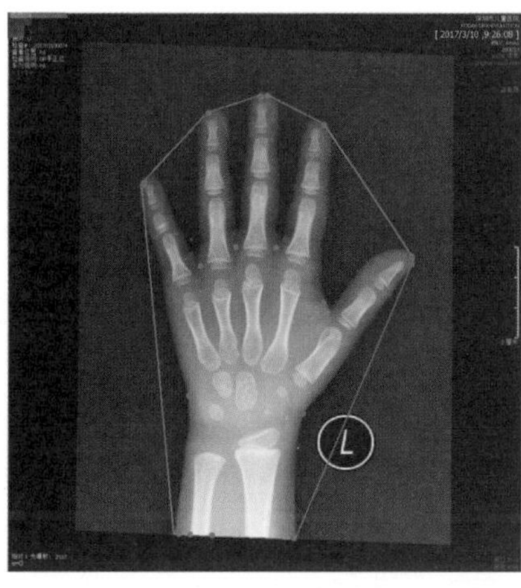

图 8.22　检测手掌轮廓凸缺陷效果图

任务 7　实战：轮廓分类

任务目标

❖ 掌握轮廓的常见特征。
❖ 熟悉轮廓特征值的应用场景。
❖ 能根据特征值对轮廓进行分类。

任务场景

轮廓自身的一些属性特征及轮廓所包围对象的特征对于描述图像具有重要意义。本任务将介绍几个轮廓自身的属性特征及轮廓所包围对象的特征，同时介绍如何使用特征值对轮廓进行分类。

任务准备

8.7.1　宽高比

用户可以使用宽高比（AspectRation）来描述轮廓，如矩形轮廓的宽高比为：

宽高比=宽度（Width）/高度（Height）

根据原理，用户可以通过 cv2.boundingRect()函数计算出宽度与高度之后，再进行宽高比计算，假设传入参数轮廓为 cht，计算公式为：

```
x,y,w,h=cv2.boundingRect(cnt)
AspectRation=w/h
```

8.7.2　占空比

用户还可以使用轮廓面积与矩形边界面积之比 Extend 来描述图像及其轮廓特征，计算公式为：

Extend=轮廓面积/矩形边界面积

根据原理，用户可以通过 cv2.boundingRect()函数计算出宽度与高度之后，再计算矩形面积，而轮廓面积可以通过 cv2.contourArea()函数计算，假设传入参数轮廓为 cht，计算公式为：

```
cntArea=cv2.contourArea(cnt)
x,y,w,h=cv2.boundingRect(cnt)
Extend=cntArea/(w×h)
```

任务演练——轮廓分类

微课 轮廓分类

下面主要介绍轮廓特征值的使用方法，并通过特征值对轮廓进行分类。

【例 8.12】使用特征值对轮廓进行分类。

将长椭圆与扁椭圆进行分类，并对其更换颜色。

```
import cv2
```

```
    import numpy as np
    img = cv2.imread('face1.png')                                    #读取图像
    cv2.imshow("original",img)
    gray = cv2.cvtColor(img,cv2.COLOR_BGR2GRAY)                      #转化为灰度值图
    ret, binary = cv2.threshold(gray,180,255,0)                      #二值化操作
    contours, hierarchy =
cv2.findContours(binary,cv2.RETR_EXTERNAL,cv2.CHAIN_APPROX_NONE)     #查找轮廓
    h,w,c=img.shape                                                  #获取图像形状
    mask = np.zeros((h,w,c),np.uint8)                                #创建空白掩膜
    for cnt in contours:                                             #遍历轮廓
        x,y,w,h = cv2.boundingRect(cnt)                              #计算轮廓矩形包围框
        AspectRation = float(w)/h                                    #计算宽高比
        if AspectRation<1:
            cv2.drawContours(mask,[cnt],-1,(0,0,255), -1)
        else:
            cv2.drawContours(mask,[cnt],-1,(0,255,255), -1)
    cv2.imshow("result",mask)
    cv2.waitKey()
    cv2.destroyAllWindows()
```

运行程序，显示如图 8.23 所示的运行结果。

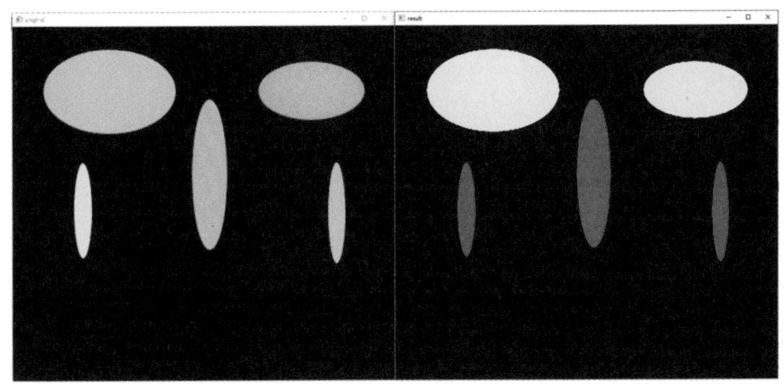

图 8.23　轮廓分类的结果

任务巩固——轮廓分类进阶

用户根据前面所学的知识，已经掌握了轮廓分类的方法。下面通过轮廓特征值方法，对图形 1～图形 5 的轮廓进行分类，效果如图 8.24 所示。

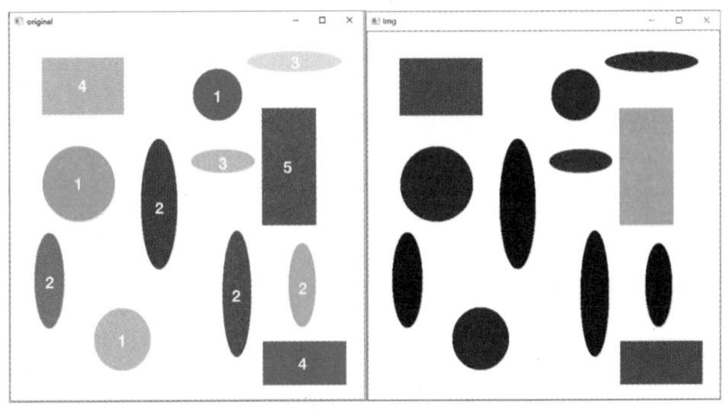

图 8.24　对轮廓进行分类的效果图

项目 9

图像直方图

项目介绍

直方图是图像处理过程中的一种非常重要的分析工具。直方图从图像内部灰度级的角度对图像进行表述，包含十分丰富而重要的信息。从直方图的角度对图像进行处理，可以达到增强图像显示效果的目的。

学习目标

✧ 能够理解图像直方图的含义。
✧ 能够理解直方图均衡化与直方图比较。
✧ 能够使用 Numpy 和 OpenCV 绘制图像直方图。
✧ 能够绘制彩色图像直方图并对其进行封装。
✧ 能够使用相关函数进行直方图均衡。
✧ 能够掌握直方图比较的方法。
✧ 能够使用直方图进行阈值处理。

任务 1　绘制图像直方图

任务目标

❖ 能够理解图像直方图的含义。
❖ 能够使用 Numpy 和 OpenCV 绘制图像直方图。

任务场景

本任务主要介绍图像直方图的含义，并利用 Numpy 和 OpenCV 绘制图像直方图，理解图像直方图在图像分析中的实际应用，与其在图像阈值处理中的重要作用。

任务准备

9.1.1　图像直方图

图像直方图用于表示数字图像中像素值分布的对应关系，它标绘了图像中每个像素值的像素数。例如，灰度图像直方图可以理解为一个二维直方图，横坐标表示图像中各个像素点的灰度值，纵坐标表示有各个灰度值在图像中出现的次数和频率。从数学含义上来说，图像直方图用于描述图像各个灰度级的统计特性，因此图像直方图能够较为直观地显示图像相关质量波动。例如，在实际应用中图像直方图能够确定照片的曝光程度。

9.1.2　绘制图像直方图的方法

图像直方图的绘制方法有两种：第一种方法，OpenCV 中的 cv2.calcHist()函数用于统计图像直方图；第二种方法，matplotlib.pyplot 模块中的 matplotlib.pyplot.hist()函数用于绘制图像直方图。下面介绍这两种方法。

在 OpenCV 中，用户可以使用 cv2.calcHist()函数绘制图像直方图。该函数的语法格式为：

```
hist = cv2.calcHist( src, channels, mask, histSize, ranges[, accumulate ])
```

- hist：返回的统计直方图，是一个一维数组，数组内的元素是各个灰度级的像素个数。
- src：原始图像，该图像需要使用“[ ]”括起来。
- channels：指定通道编号，通道编号需要用“[ ]”括起来。如果输入图像是单通道灰度图像，将参数的值设置为[0]。对于彩色图像，该参数的值可以是[0]、[1]、[2]，分别对应通道 B、G、R。
- mask：掩膜图像。当统计整幅图像的直方图时，将这个值设置为 None。当统计图像某一部分的直方图时，需要用到掩膜图像。
- histSize：BINS 的值，该值需要用“[ ]”括起来。例如，BINS 的值是 256，需要使用“[256]”作为该参数的值。
- ranges：像素值范围。例如，8 位灰度图像的像素值范围是[0, 255]。
- accumulate：累计（叠加）标识，默认值为 False。如果将该参数的值设置为 True，则直方图在开始计算时不会被清零，计算的是多个直方图的累计结果，用于对一组图像计算直方图。该参数允许从多个对象中计算单个直方图，或者实时更新直方图。该参数是可选的，在一般情况下不需要设置。

在 matplotlib.pyplot 模块中，用户可以使用 matplotlib.pyplot.hist()函数来绘制图像直方图。该函数的作用是根据数据源和灰度级分组绘制图像直方图，其基本语法格式为：

```
matplotlib.pyplot.hist(X, BINS)
```

- X：表示数据源，必须是一维的。图像通常是二维的，需要先使用 ravel()函数将图像处理为一维数据源以后，再作为参数使用。
- BINS：BINS 的具体值，表示灰度级的分组情况。

任务演练——绘制图像直方图

下面通过介绍图像直方图的绘制方法，帮助大家更好地理解直方图的统计意义以及绘制方法。

【例 9.1】使用 cv2.calcHist()函数绘制图像直方图。

```
import cv2
import numpy as np
img=cv2.imread("city2.jpg")
hist = cv2.calcHist([img],[0],None,[256],[0,255])
plt.plot(hist,color='b')
cv2.imshow("img",img)
cv2.waitKey()
cv2.destroyAllWindows()
```

运行程序，显示如图 9.1 所示的运行结果。

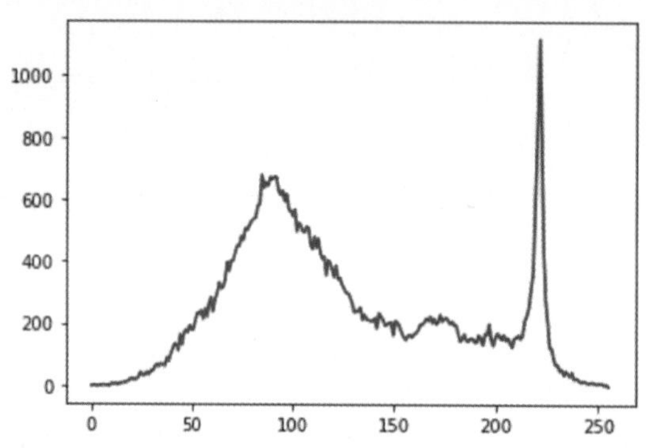

图 9.1　绘制图像直方图（1）

【例 9.2】绘制彩色图像直方图。

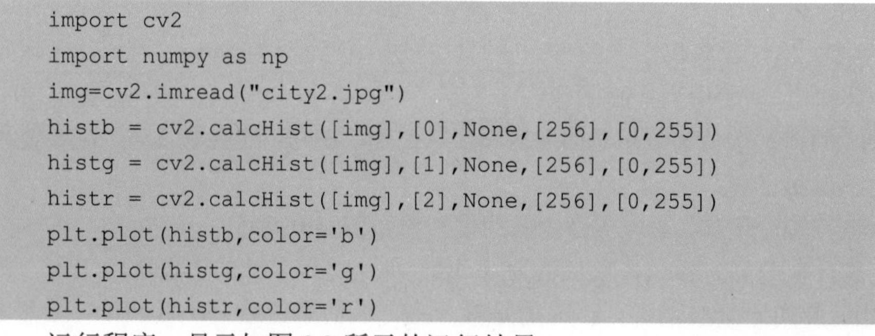

```
import cv2
import numpy as np
img=cv2.imread("city2.jpg")
histb = cv2.calcHist([img],[0],None,[256],[0,255])
histg = cv2.calcHist([img],[1],None,[256],[0,255])
histr = cv2.calcHist([img],[2],None,[256],[0,255])
plt.plot(histb,color='b')
plt.plot(histg,color='g')
plt.plot(histr,color='r')
```

微课 绘制彩色图像直方图

运行程序，显示如图 9.2 所示的运行结果。

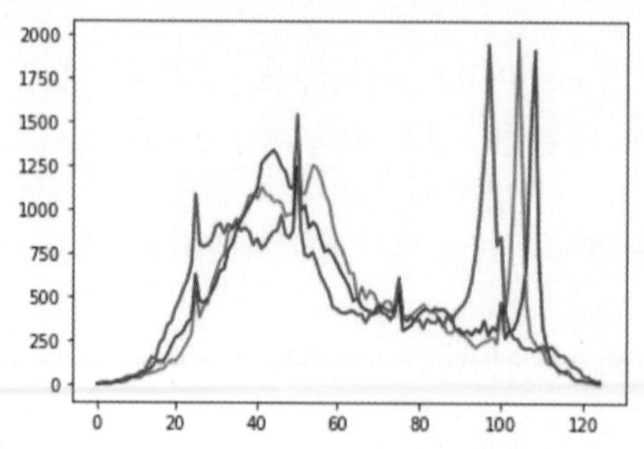

图 9.2　绘制彩色图像直方图

【例 9.3】使用 matplotlib.pyplot.hist()函数绘制图像直方图。

```
import cv2
import matplotlib.pyplot as plt
img1=cv2.imread("city2.jpg")
cv2.imshow("img1",img1)
plt.hist(img1.ravel(),256)
cv2.waitKey()
cv2.destroyAllWindows()
```

运行程序，显示如图 9.3 所示的运行结果。

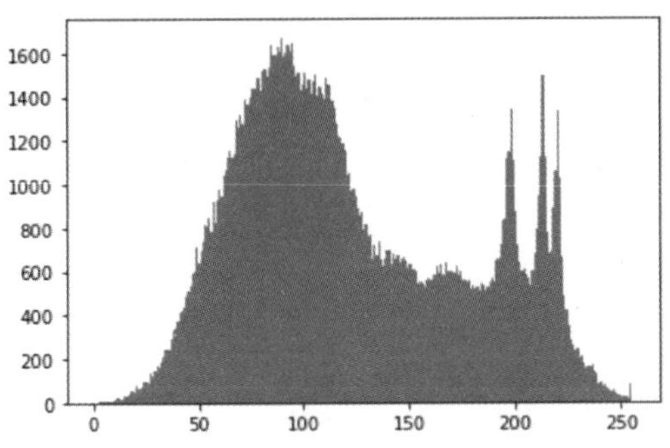

图 9.3　绘制图像直方图（2）

【练习】使用 matplotlib.pyplot.hist()函数绘制彩色图像直方图。

任务巩固——使用掩膜绘制图像直方图

cv2.calcHist()函数中的参数 mask 用于标识是否使用掩膜图像。当使用掩膜图像获取直方图时，仅获取掩膜参数 mask 指定区域的图像直方图。自定义一个掩膜图像，绘制出白色区域的图像直方图，效果如图 9.4 所示。

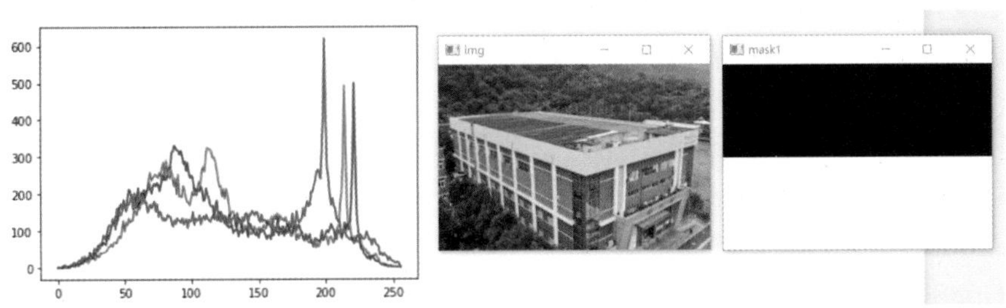

图 9.4　使用掩膜绘制图像直方图

任务 2　直方图均衡化

任务目标

❖ 能够理解直方图均衡化与直方图比较。

❖ 能够使用相关函数进行直方图均衡。

任务场景

如果一幅图像拥有全部可能的灰度级，并且像素值的灰度均匀分布，那么这幅图像就具有高对比度和多变的灰度色调，灰度级丰富且覆盖范围较大。在外观上，这样的图像具有更丰富的色彩，不会过暗或过亮。

任务准备

9.2.1 直方图均衡化的概念

直方图均衡化的主要目的是将原始图像的灰度级均匀地映射到整个灰度级范围内，获取一幅灰度级分布均匀的图像。

直方图均衡化的算法主要包括以下两个步骤。

步骤 1：计算累计直方图。

步骤 2：对累计直方图进行区间转换。

在此基础上，利用人眼视觉达到直方图均衡化的目的。

在 OpenCV 中，用户可以使用 cv2.equalizeHist()函数实现直方图均衡化。该函数的语法格式为：

```
dst = cv2.equalizeHist(src)
```

- dst：表示直方图均衡化处理的结果图像。
- src：表示 8 位单通道原始图像。

9.2.2 自适应直方图均衡化

自适应直方图均衡化（AHE）是用来提升图像的对比度的一种计算机图像处理技术。与普通的直方图均衡化算法不同，AHE 算法通过计算图像的局部直方图后，重新分布亮度来改变图像对比度。因此，AHE 算法更适合调整图像的局部对比度及获得更多的图像细节。

在 OpenCV 中，用户可以使用 cv2.createCLAHE()函数实现自适应直方图均衡化。该函数的语法格式为：

```
dst = cv2.createCLAHE(clipLimit,tileGridSize)
```

- dst：表示自适应直方图均衡化处理的结果图像。
- clipLimit：表示颜色对比度的阈值。
- tileGridSize：表示像素均衡化的网格大小，即在多少网格下进行直方图的均衡化操作。

任务演练——直方图均衡化

下面通过对直方图均衡化实战案例，观察运行结果，理解其在图像处理过程中的重要意义。

【例 9.4】使用 cv2.equalizeHist()函数实现直方图均衡化。

微课 直方图均衡化

```
import cv2
import numpy as np
img=cv2.imread("city2.jpg",0)
hist1 = cv2.calcHist([img],[0],None,[256],[0,255])
plt.figure("原始图像直方图")
plt.plot(hist1,color='b')
equ=cv2.equalizeHist(img)
hist2 = cv2.calcHist([equ],[0],None,[256],[0,255])
plt.figure("均衡化后图像直方图")
```

```
plt.plot(hist2,color='g')
cv2.imshow("img",img)
cv2.imshow("equ",equ)
cv2.waitKey()
cv2.destroyAllWindows()
```

运行程序，显示如图 9.5、图 9.6 所示的运行结果。可以看到，均衡化后的图像直方图灰度分布相较于处理前更加均匀。

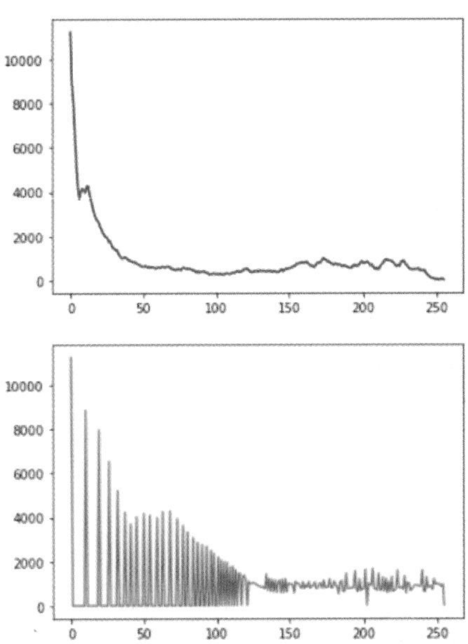

图 9.5　均衡化前后图像直方图变化

图 9.6　均衡化前后图像对比

【例 9.5】使用 cv2.createCLAHE()函数实现自适应直方图均衡化。

```
import cv2
import numpy as np
img=cv2.imread("qb.jpg")
b,g,r=cv2.split(img)
clah=cv2.createCLAHE(clipLimit=2.0,tileGridSize=(8,8))
equb=clah.apply(b)
equg=clah.apply(g)
equr=clah.apply(r)
img_new=cv2.merge([equb,equg,equr])
histb = cv2.calcHist([img_new],[0],None,[256],[0,255])
```

```
histg = cv2.calcHist([img_new],[1],None,[256],[0,255])
histr = cv2.calcHist([img_new],[2],None,[256],[0,255])
plt.plot(histb,color='b')
plt.plot(histg,color='g')
plt.plot(histr,color='r')
cv2.imshow("img",img)
cv2.imshow("img_new",img_new)
cv2.waitKey()
cv2.destroyAllWindows()
```

运行程序，显示如图 9.7、图 9.8 所示的运行结果。

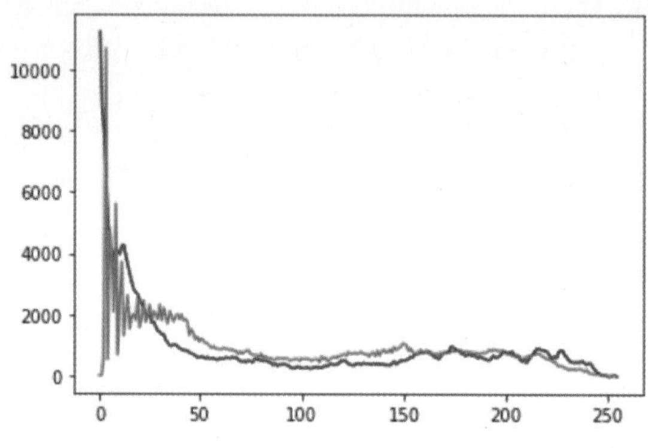

图 9.7　自适应均衡化后图像直方图

图 9.8　自适应均衡化前后图像对比

任务巩固——彩色图像均衡化

图像均衡化处理对象必须是单通道图像，尝试使用图像通道分离和合并的方法对彩色图像进行均衡化和自适应均衡化。

任务 3　直方图比较

任务目标

- ❖ 能够掌握直方图比较的方法。
- ❖ 能够使用直方图比较的方法判断老虎的种类。

任务场景

如果两幅图像的直方图相同或有极高的相似度，那么在一定程度上，我们可以认为这两幅图像是一样的，这就是直方图比较的应用之一。此外，两幅图像的直方图反映了该图像像素的分布情况。我们可以利用图像的直方图来分析这两幅图像的关系。

任务准备

在 OpenCV 中，用户可以使用 cv2.compareHist()函数进行直方图比较。该函数的语法格式为：

```
cv2.compareHist(H1, H2, method)
```

- H1、H2：分别表示要比较图像的直方图。
- method：表示比较方式。

比较方式（method）如下。

- 相关性比较（method=cv.HISTCMP_CORREL）：其值越大，相关度就越高，最大值为 1，最小值为 0。
- 卡方比较（method=cv.HISTCMP_CHISQR）：其值越小，相关度就越高，最大值无上界，最小值为 0。
- 巴氏距离比较（method=cv.HISTCMP_BHATTACHARYYA）：其值越小，相关度就越高，最大值为 1，最小值为 0。

微课 图像直方图比较

任务演练——图像直方图比较

【例 9.6】使用 cv2.compareHist()函数对两幅图像进行直方图比较。

```
import cv2
import numpy as np
#创建 RGB 三通道直方图（直方图矩阵）
def create_rgb_hist(image):
    h, w, c = image.shape
    # 创建一个（16×16×16,1）的初始矩阵，作为直方图矩阵
    # 16×16×16 的意思为三通道的每个通道都有 16 个柱子
    rgbhist = np.zeros([16 * 16 * 16, 1], np.float32)
    bsize = 256 / 16
    for row in range(h):
        for col in range(w):
            b = image[row, col, 0]
            g = image[row, col, 1]
            r = image[row, col, 2]
            #构建直方图矩阵的索引，该索引通过每一个像素点的三通道值进行构建
            index = int(b / bsize) * 16 * 16 + int(g / bsize) * 16 + int(r / bsize)
           # 构建直方图矩阵
            rgbhist[int(index), 0] += 1
    return rgbhist
#直方图比较函数
def hist_compare(image1, image2):
    # 创建第一幅图像的 RGB 三通道直方图（直方图矩阵）
    hist1 = create_rgb_hist(image1)
    # 创建第二幅图像的 RGB 三通道直方图（直方图矩阵）
```

```
    hist2 = create_rgb_hist(image2)
    # 使用 3 种方式进行直方图比较
    match1 = cv2.compareHist(hist1, hist2, cv2.HISTCMP_BHATTACHARYYA)
    match2 = cv2.compareHist(hist1, hist2, cv2.HISTCMP_CORREL)
    match3 = cv2.compareHist(hist1, hist2, cv2.HISTCMP_CHISQR)
    print("巴氏距离: %s, 相关性: %s, 卡方: %s" %(match1, match2, match3))
img1 = cv2.imread("af1.JPG")
img1 = cv2.resize(img1,(512,256))
img2 = cv2.imread("af2.JPG")
img2 = cv2.resize(img2,(512,256))
img3 = cv2.imread("af3.JPG")
img3 = cv2.resize(img3,(512,256))
hist_compare(img1, img2)
hist_compare(img1, img3)
hist_compare(img2, img3)
cv2.waitKey(0)
cv2.destroyAllWindows()
```

输出比较结果，如图 9.9 所示。

巴氏距离：0.4664000352901615，相关性：0.5262596094038802，卡方：376302.0878069433

图 9.9　输出比较结果

任务巩固——判断老虎种类

利用直方图比较的方法判断老虎的种类，待检测图像如图 9.10 所示。

图 9.10　待检测图像

任务 4　直方图阈值分割

任务目标

❖ 掌握使用直方图进行阈值分割的方法。
❖ 掌握使用直方图阈值分割法提取鼠标。

任务场景

一般来说，如果一幅图像的前景和背景对比比较明显，则图像直方图会有两个比较明显的峰值。两个峰值对应物体内部和外部较多数目的点，两个峰值之间的波谷对应物体边缘附近相对较少数目的点。找到这两个峰值，取两个峰值之间的波谷位置对应的灰度值，可将其作为阈值，能够实现图像前景和背景的分割。本任务主要介绍如何利用直方图进行阈值分割。

任务准备

直方图阈值分割根据图像的灰度直方图寻找阈值，适用于直方图为双峰的图像。

在 OpenCV 中，用户可以使用 cv2.threshold()函数实现直方图阈值分割。

具体步骤如下。

步骤 1： 计算灰度直方图。

步骤 2： 寻找灰度直方图的最大峰值对应的灰度值。

步骤 3： 寻找灰度直方图的第二个峰值对应的灰度值。

步骤 4： 寻找两个峰值之间的最小对应的灰度值，并将其作为阈值。

步骤 5： 使用 cv2.threshold()函数进行阈值分割。

微课 硬币阈值分割

任务演练——硬币阈值分割

【例 9.7】使用直方图实现图像前景和背景的分割。

```
import cv2
import numpy as np
#计算灰度直方图
def calcGrayHist(grayimage):
    #计算灰度图像矩阵的高度、宽度
    rows, cols = grayimage.shape
    print(grayimage.shape)
    #存储灰度直方图
    grayHist = np.zeros([256],np.uint64)
    for r in range(rows):
        for c in range(cols):
            grayHist[grayimage[r][c]] += 1
    return grayHist
#直方图阈值分割法
def threshTwoPeaks(image):
    if len(image.shape) == 2:
        gray = image
    else:
        gray = cv2.cvtColor(image, cv2.COLOR_BGR2GRAY)
    #计算灰度直方图
    histogram = calcGrayHist(gray)
    #寻找灰度直方图的最大峰值对应的灰度值
    maxLoc = np.where(histogram==np.max(histogram))
    firstPeak = maxLoc[0][0]
    #寻找灰度直方图的第二个峰值对应的灰度值
    measureDists = np.zeros([256],np.float32)
    for k in range(256):
        measureDists[k] = pow(k-firstPeak,2)*histogram[k]
```

```
    maxLoc2 = np.where(measureDists==np.max(measureDists))
    secondPeak = maxLoc2[0][0]
    #找到两个峰值之间的最小值对应的灰度值，并将其作为阈值
    thresh = 0
    if firstPeak > secondPeak:     #第一个峰值在第二个峰值的右侧
        temp = histogram[int(secondPeak):int(firstPeak)]
        minloc = np.where(temp == np.min(temp))
        thresh = secondPeak + minloc[0][0] + 1
    else:                          #第一个峰值在第二个峰值的左侧
        temp = histogram[int(firstPeak):int(secondPeak)]
        minloc = np.where(temp == np.min(temp))
        thresh =firstPeak + minloc[0][0] + 1
    #找到阈值之后进行阈值处理，得到二值图
    threshImage_out = gray.copy()
    #将大于阈值的灰度值都设置为 255
    threshImage_out[threshImage_out > thresh] = 255
    threshImage_out[threshImage_out <= thresh] = 0
    return thresh, threshImage_out
if __name__ == "__main__":
    img = cv2.imread('coins.jpg')
    img = cv2.resize(img,(300,500))
    thresh,threshImage_out = threshTwoPeaks(img)
    print(thresh)
    cv2.imshow('src',img)
    cv2.imshow('threshImage_out',threshImage_out)
    cv2.waitKey(0)
    cv2.destroyAllWindows()
```

运行程序，显示如图 9.11 所示的运行结果。

任务巩固——使用直方图阈值分割法提取鼠标

用户根据前面所学的知识，使用直方图阈值分割法提取鼠标，效果如图 9.12 所示。

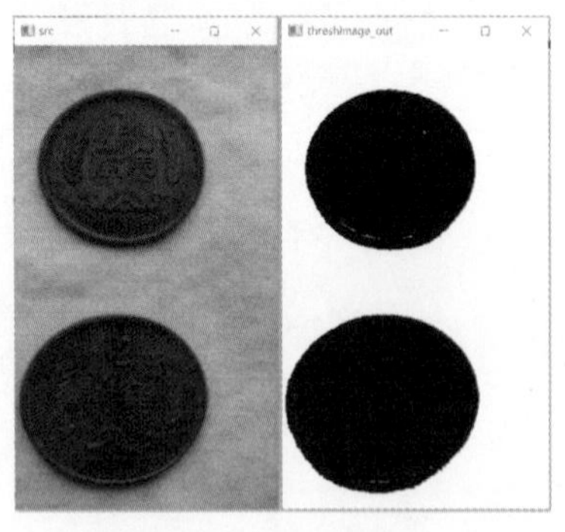

图 9.11　直方图阈值分割的运行结果

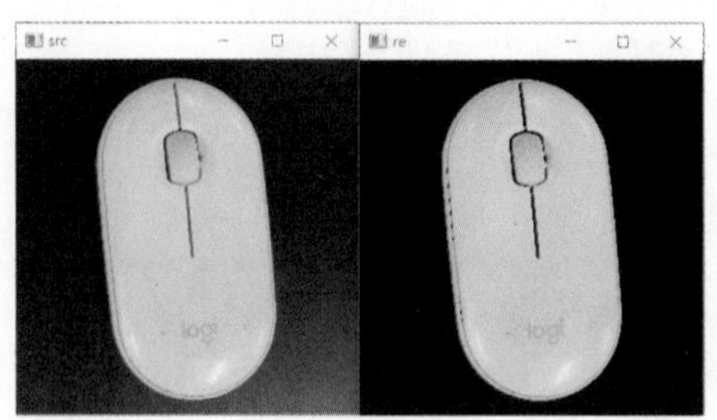

图 9.12　使用直方图阈值分割法提取鼠标效果图

项目 10

模板匹配与霍夫变换

项目介绍

模板匹配是一种有效的模式识别技术，能利用图像信息和有关识别模式的先验知识，更加直接地反映图像之间的相似。它是图像处理中最基本、最常用的匹配方法。

霍夫变换是数字图像处理中的一种特征提取技术，被广泛应用在图像分析、计算机视觉及数字图像处理中。霍夫变换用于提取或找出物体中的特征，如直线、圆等。

学习目标

✧ 能够理解模板匹配的概念。
✧ 能够使用模板匹配实现目标检测。
✧ 能够理解霍夫变换的概念。
✧ 能够根据场景使用霍夫变换。

任务 1　模板匹配的概念

任务目标

❖ 能够理解模板匹配的概念。
❖ 掌握模板匹配的相关函数。

任务场景

在日常生活中，经常会接触到指纹识别、条纹码识别等场景。如果思考它们的实现方法，则我们可以简单地进行设想，某数据库中存储着一幅模板图像，通过对比待检测图像与模板图像之间的差异，来完成匹配，这种方式被称为“模板匹配”。本任务主要介绍模板匹配的概念及简单的实现方法。

任务准备

10.1.1　模板匹配

简单来讲，模板匹配就是在大图中寻找小图。也就是说，在一幅图像中寻找另一幅模板图像的位置，如图 10.1 所示。

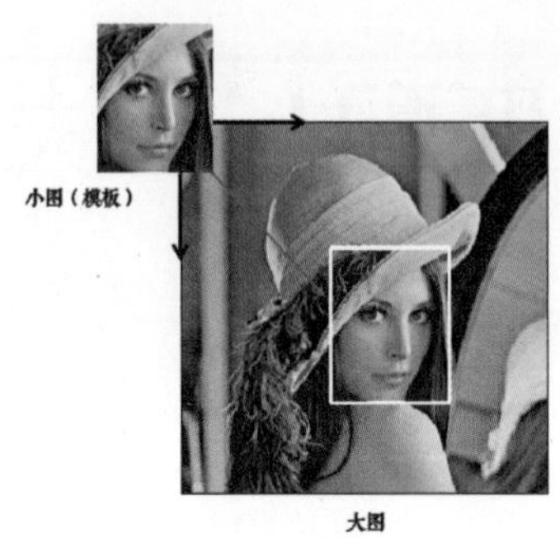

图 10.1　模板匹配示意图

模板匹配的操作方法是将模板图像 B 在图像 A 上滑动，遍历所有像素以完成匹配。

模板匹配的工作原理是，在待检测图像上，从左到右、从上到下计算模板图像与重叠子图像的匹配度，匹配程度越高，两者相同的可能性就越大，如图 10.2 所示。

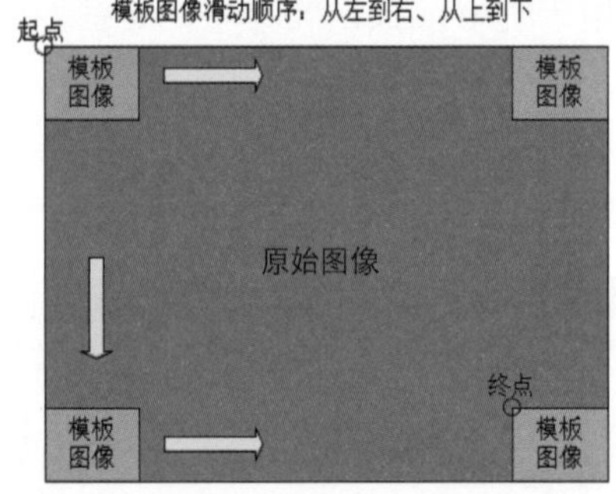

图 10.2　模板匹配实现过程

模板匹配不是完美的。尽管它有很多优点，但是如果输入图像有变化，如旋转、缩放、视角变化等，模板匹配很容易就会失效。

10.1.2　cv2.matchTemplate()函数

在 OpenCV 中，用户可以使用 cv2.matchTemplate()函数进行模板匹配。该函数的语法格式为：

```
result = cv2.matchTemplate(image, template,method)
```

- result：表示运行结果。
- image：表示原始输入图像。
- template：表示模板图像。
- method：表示要采取的模板匹配方法。

常见的模板匹配方法有 6 种，可根据实际场景选用，具体如下。

- cv2.TM_SQDIFF 平方差匹配法：该方法采用平方差来进行匹配；最好的匹配值为 0；匹配值越大表示匹配度越差。
- cv2.TM_CCORR 相关匹配法：该方法采用乘法操作；匹配值越大表示匹配度越好。
- cv2.TM_CCOEFF 相关系数匹配法：1 表示完美的匹配；-1 表示最差的匹配。
- cv2.TM_SQDIFF_NORMED 归一化平方差匹配法，取值范围为 0～1，最好的匹配值为 0。
- cv2.TM_CCORR_NORMED 归一化相关匹配法，取值范围为 0～1，最好的匹配值为 1。
- cv2.TM_CCOEFF_NORMED 归一化相关系数匹配法，最好的匹配值为 1。

10.1.3　cv2.minMaxLoc()函数

用户通过 cv2.matchTemplate()函数计算得到结果之后，还需要进一步根据选择的模板匹配方法确定最匹配结果对应的是最大值还是最小值。因此需要使用查找最值的 cv2.minMaxLoc()函数获取最值所在的位置。该函数的语法格式为：

```
min_val, max_val, min_loc, max_loc = cv2.minMaxLoc(src)
```

- min_val：表示结果中的最小值。
- max_val：表示结果中的最大值。
- min_loc：表示最小值所在的位置。
- max_loc：表示最大值所在的位置。
- src：表示需要处理的原始图像。

在使用 cv2.TM_SQDIFF 与 cv2.TM_SQDIFF_NORMED 时，如果返回值为 0，则表示最佳匹配；当返回值越大时，表示匹配效果越差。因此在使用这两种方法时，要寻找最小值所在的位置作为最佳匹配结果；反之可使用另外 4 种方法获取最大值所在的位置。

在计算出最值位置之后，可将最值作为左上角的点，结合模板的宽度与高度，将匹配结果在原始图像上框出。

微课 查找 lena.jpg 图像的眼睛部位

任务演练——查找 lena.jpg 图像的眼睛部位

下面通过介绍简单的模板匹配方法，帮助大家更好地理解模板匹配的操作过程。

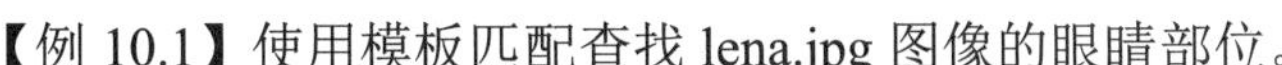

【例 10.1】使用模板匹配查找 lena.jpg 图像的眼睛部位。

```
import cv2
import numpy as np
import matplotlib.pyplot as plt
#读取模板图像
template = cv2.imread("lena_eye.jpg")
plt.imshow(templatecpy)#显示模板图像
img = cv2.imread("lena.jpg")
# plt.imshow(img)#显示原始图像
#获取模板的大小（宽度与高度）
h, w = template.shape[:2]
#模板匹配过程（采用归一化平方差匹配法，匹配值越接近于0，与图像的匹配度越好）
res = cv2.matchTemplate(img, template, cv2.TM_SQDIFF_NORMED)
```

```
min_val, max_val, min_loc, max_loc = cv2.minMaxLoc(res)
top_left = min_loc
bottom_right = (top_left[0] + w, top_left[1] + h)
#画出检测到的部分
imgcpy = img.copy()
cv2.rectangle(imgcpy, top_left, bottom_right, 255, 2)
#由于显示的是 RGB 图像，因此需要进行一次色彩空间转换
imgcpy = cv2.cvtColor(imgcpy, cv2.COLOR_BGR2RGB)
plt.imshow(imgcpy, cmap='gray')
plt.show()
```

运行程序，显示如图 10.3 所示的运行结果。

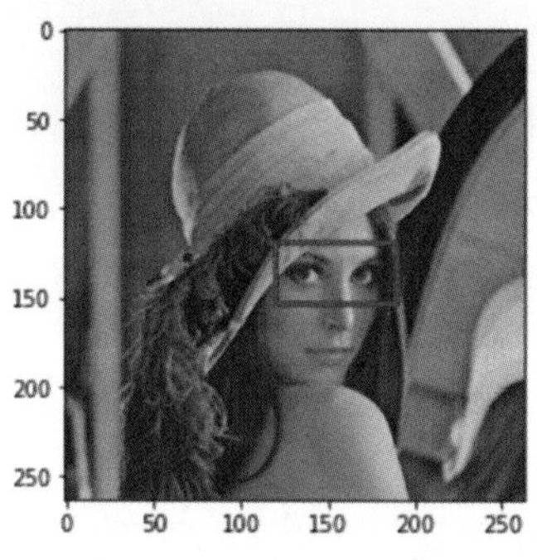

图 10.3　模板匹配结果

任务巩固——简单印花检测

下面通过模板匹配方法，在待检测图像中标注出与印花模板最相似的结果，并将运行结果与代码保存上交，效果如图 10.4 所示。从左到右依次为模板图像、待检测图像、匹配结果。

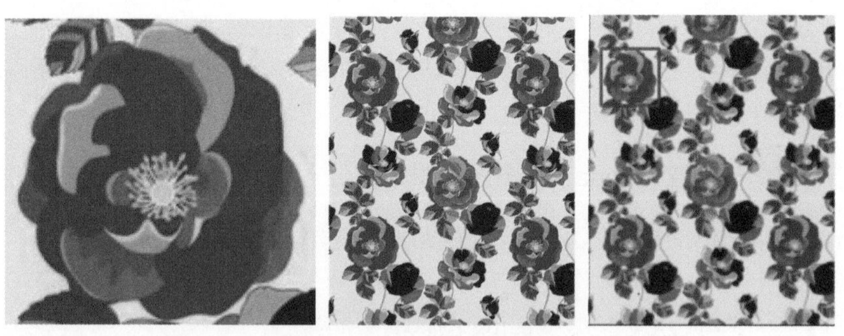

图 10.4　印花检测效果图

任务 2　实战：印花检测

任务目标

❖ 掌握多模板匹配的方法。

❖ 掌握检测多个印花的方法。

任务场景

在上述任务巩固中，我们实现了简单的印花检测，但是仅仅检测出一个印花，这是不符合实际应用场景的。本任务主要介绍多模板匹配的方法，解决生产实际中的印花检测问题。

任务准备

在一些情况下，要搜索的模板图像可能在待检测图像中出现了很多次，而使用cv2.matchTemplate()函数仅能获取一个最值所在位置，无法给出所有最值的位置信息，这时就需要借助阈值进行处理。

步骤 1：获取匹配位置的集合。

用户使用 np.where()函数可以获取模板匹配位置的集合。该函数用于返回满足条件的值在二维数组中的索引，该函数的具体使用方法如下：

用户使用 cv2.matchTemplate()函数返回结果 ret 之后，可根据查找方法选择合适的阈值 threshold，而后使用语句 loc = np.where(ret > threshold)，其中 loc 表示满足条件的位置索引集合。

步骤 2：循环标记。

在获取匹配位置集合之后，可采用循环输出的方式，在输入图像中标记结果，具体使用方法如下：

```
for pt in zip(*loc[::-1]): #zip的作用为将loc[::-1]中的元素打包成一个个元组输出
cv2.rectangle(img, pt, (pt[0] + w, pt[1] + h), 255, 1)
```

任务演练——检测多个印花

微课 检测多个印花

前文已经实现了通过模板匹配检测到单个印花，同时结合多模板匹配方法，可以实现多个印花的检测。下面主要介绍如何进行多个印花检测。

【例 10.2】检测多个印花。

```
import cv2
import numpy as np
#读取模板图像
template = cv2.imread("yinhua.png")
# cv_show("template",template)
img = cv2.imread("yinhua2.png")
#获取模板的宽度与高度
h, w = template.shape[:2]
#模板匹配过程（采用归一化平方差匹配法，匹配值越接近0，与图像的匹配度越好）
res = cv2.matchTemplate(img, template, cv2.TM_SQDIFF_NORMED)
threshold = 0.1                    #设置阈值
loc = np.where(res<=threshold)     #获取匹配位置集合
for pt in zip(*loc[::-1]):         #循环标记匹配位置
    cv2.rectangle(img, pt, (pt[0] + w, pt[1] + h), (0,0,255), 2)
cv2.imshow("dst",img)
cv2.waitKey(0)
cv2.destroyAllWindows()
```

运行程序，显示如图 10.5 所示的检测结果。

图 10.5　多个印花检测结果

任务巩固——制作图像怀旧效果

我们通过任务演练可以发现，正中间的印花相较于模板有所区别。请根据所学知识，优化代码，制作图像怀旧效果，并将运行结果与代码保存上交，如图 10.6 所示。

图 10.6　图像怀旧效果图

任务 3　霍夫变换的概念

任务目标

❖ 能够理解霍夫变换的概念。
❖ 掌握简单的霍夫变换函数。

任务场景

霍夫变换是数字图像处理中的一种特征提取技术，该过程在一个参数空间中通过计算累计结果的局部最大值得到一个符合该特定形状的集合作为霍夫变换结果，通常可以分为霍夫线变换与霍夫圆变换两种。

任务准备

10.3.1　霍夫线变换

霍夫线变换是一种用来寻找直线的方法。在使用霍夫线变换之前，需要对图像进行边缘检测处理。在 OpenCV 中，用户可以使用 cv2.HoughLinesP()函数实现霍夫线变换。该函数的语法格式为：

```
    lines = cv2.HoughLinesP(image, rho, theta, threshold[, minLineLength[,
maxLineGap]])
```

- lines：表示返回值，其中每个元素都是一对浮点数，表示检测到的直线两个端点参数，即（x1,y1,x2,y2）。
- image：表示原始输入图像。
- rho：表示参数极径 r，以像素值为单位的分辨率，这里一般使用 1 像素。
- theta：表示参数半角 θ，以弧度为单位的分辨率，这里使用 1 弧度。
- threshold：表示检测一条直线所需最少的曲线交点。
- minLineLength：表示能组成一条直线的最少点的数量，点数量不足的直线将被抛弃。
- maxLineGap：表示能被认为在一条直线上的亮点的最大距离。

10.3.2　霍夫圆变换

霍夫圆变换是一种用来寻找圆的方法。在 OpenCV 中，用户可以使用 cv2.HoughCircles()函数，将 Canny 边缘检测和霍夫变换相结合实现圆形检测。该函数的语法格式为：

```
    circles=cv2.HoughCircles(image, method, dp, minDist, circles=None, param1=None,
param2=None, minRadius=None, maxRadius=None)
```

- circles：表示返回值，由圆心坐标（x,y）与半径 r 组成。
- image：表示 8 位单通道图像。如果使用彩色图像，则需要先转换成灰度图像。
- method：表示定义检测图像中圆的方法。一般将其设置为 cv2.HOUGH_GRADIENT。
- dp：表示图像像素分辨率与参数空间分辨率的比值。
- minDist：检测到的圆的中心，（x,y）坐标之间的最小距离。
- param1：表示用于处理边缘检测的梯度值方法。
- param2：表示 cv2.HOUGH_GRADIENT 方法的累加器阈值。阈值越小，检测到的圆越多。
- minRadius：表示半径的最小值（以像素为单位）。
- maxRadius：表示半径的最大值（以像素为单位）。

微课　霍夫线变换

任务演练——实现简单的霍夫变换

下面主要介绍霍夫线变换与霍夫圆变换的简单应用。

【例 10.3】霍夫线变换。

```
import cv2
import numpy as np
img = cv2.imread("shape.png")
```

```
# 使用轮廓检测算法检测出轮廓
gray = cv2.cvtColor(img, cv2.COLOR_BGR2GRAY)
edges = cv2.Canny(gray, 50, 150)
edges = cv2.dilate(edges,(3,3))#使用膨胀操作使得线条连续
minLineLength = 10
maxLineGap = 30
# 投射到 Hough 空间进行形状检测
lines = cv2.HoughLinesP(edges, 1, np.pi / 180, 10,minLineLength,maxLineGap)
# 画线
for line in lines:
    x1, y1, x2, y2 = line[0]
    cv2.line(img, (x1, y1), (x2, y2), (0, 0, 0), 2)
cv2.imshow("img", img)
cv2.imshow("gray", gray)
cv2.imshow("edges", edges)
cv2.waitKey(0)
cv2.destroyAllWindows()
```

运行程序，显示如图 10.7 所示的运行结果。

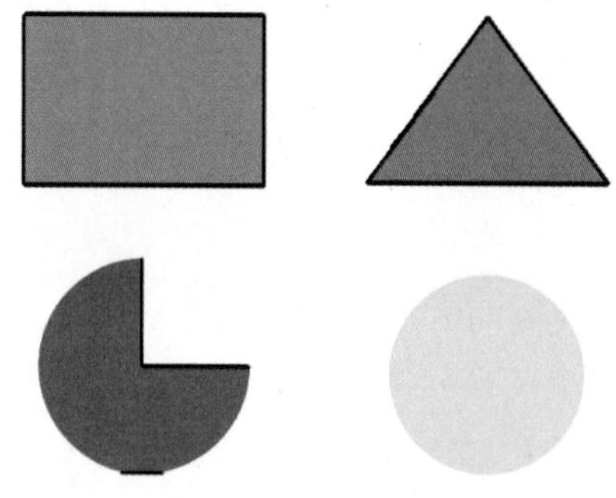

图 10.7　霍夫线变换的运行结果

【例 10.4】霍夫圆变换。

```
import cv2
import numpy
img = cv2.imread("shape.png")
# 使用轮廓检测算法检测出轮廓
gray = cv2.cvtColor(img, cv2.COLOR_BGR2GRAY)
edges = cv2.Canny(gray, 50, 100)
# 投射到 Hough 空间进行形状检测
circles = cv2.HoughCircles(edges, cv2.HOUGH_GRADIENT, 1, 30,\
                           param1=40, param2=20, minRadius=5, maxRadius=100)
# 画圆
if not circles is None:
    # 转换为 int
    circles = np.uint16(numpy.around(circles))
    for circle in circles:
        x, y, r = circle[0]
        cv2.circle(img, (x, y), r, (0, 0, 255), 2)# 画圆
cv2.imshow("gray", gray)
```

```
    cv2.imshow("edges", edges)
    cv2.imshow("img", img)
    cv2.waitKey(0)
    cv2.destroyAllWindows()
```

运行程序，显示如图 10.8 所示的运行结果。

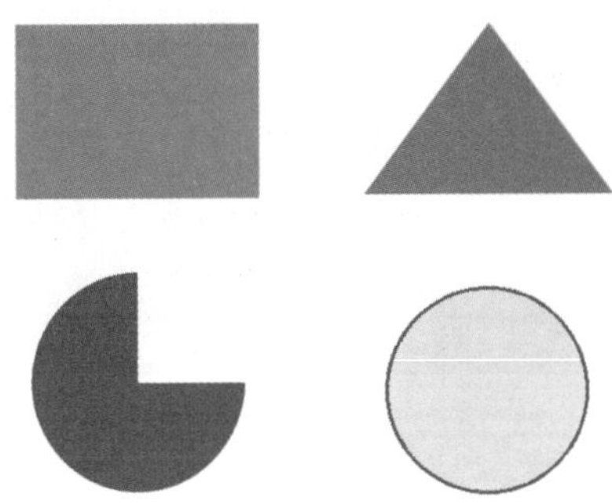

图 10.8　霍夫圆变换的运行结果

任务巩固——硬币计数

下面对 yingbi.jpg 图像进行霍夫圆变换，通过检测圆统计硬币数目，标记硬币边缘并输出硬币个数，将运行结果与代码保存上交，效果如图 10.9 所示。

图 10.9　硬币计数效果图

任务 4　实战：车道检测进阶

任务目标

❖ 能够根据场景使用霍夫变换。
❖ 掌握车道计算分析。

任务场景

车道线检测是自动驾驶汽车和计算机视觉的重要组成部分。它用于描述自动驾驶汽车的路径，并避免进入另一条车道的风险。在项目 6 中，我们已经完成使用 Canny 检测出车道线边缘。本任务继续前面的步骤，结合霍夫线变换完成车道线检测项目。

任务准备

我们已经获取了感兴趣的车道区域，如图 10.10 所示。

图 10.10　原始图像与感兴趣车道区域

下面可以直接使用霍夫线变换进行直线检测，由于存在较多线条，并不能整合成完整的一条车道。这时我们首先可以设置一个 mask，通过原始图像与运算得到遮罩区域（见图 10.11），然后通过阈值处理，获取车道线区域，最后应用霍夫变换求直线。

图 10.11　遮罩区域

任务演练——车道检测进阶

下面结合霍夫线变换完成车道线检测项目。

【例 10.5】车道检测进阶。

微课 车道检测进阶

```
    # 应用图像阈值化
    ret, thresh = cv2.threshold(masked_image, 130, 145,
cv2.THRESH_BINARY)
    cv2.imshow('thresh',thresh)
    lines = cv2.HoughLinesP(thresh, 1, np.pi/180, 30, maxLineGap=200)
    # 画图
    for line in lines:
        x1, y1, x2, y2 = line[0]
        cv2.line(imgcopy, (x1, y1), (x2, y2), (255, 0, 0), 3)
    cv2.imshow('image',imgcopy)
    cv2.waitKey(0)
    cv2.destroyAllWindows()
```

运行程序，显示如图 10.12 所示的运行结果。

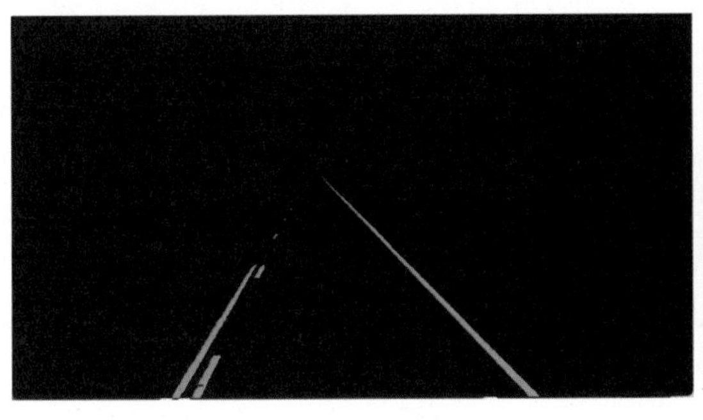

图 10.12　阈值处理结果与车道检测最终结果

任务巩固——车道检测练习

用户根据前面所学的知识，已经掌握了车道检测进阶的基本操作方法。下面对 test_image2.jpg 图像的车道进行检测，效果如图 10.13 所示。

图 10.13　车道检测效果图

项目 11 图像分割与提取

项目介绍

图像分割是指根据灰度、色彩、空间纹理、几何形状等特征把图像划分成若干个互不相交的区域，使得这些特征在同一区域内表现出一致性或相似性，而在不同区域内表现出明显的不同。

图像提取是指在图像中将前景对象作为目标图像提取出来。例如无人驾驶技术，我们关心的是周围的交通工具、其他障碍物等，而并不关注背景本身，因此我们需要将这些东西从图像（视频）中提取出来，而忽略那些只有背景的图像。

学习目标

- ✧ 掌握图像分割与提取的概念。
- ✧ 能够使用分水岭算法实现图像分割。
- ✧ 能够实现鼠标交互。
- ✧ 能够根据区域生长算法实现图像分割。

任务 1　图像分割与提取的概念

任务目标

- ❖ 掌握图像分割与提取的概念。
- ❖ 掌握常见的图像分割方法。

任务场景

在图像处理的过程中，经常需要从图像中将前景对象作为目标图像提取出来。下面介绍常见的图像分割方法。

任务准备

11.1.1　基于阈值的分割方法

阈值分割是根据图像的灰度特征按照设定的阈值将图像分割成不同的子区域，也就是先对图像进行灰度处理，再根据灰度值和设定的灰度范围将图像灰度分类。例如，如果将阈值设置为 128，则 0～128 是一类，129～255 是一类。根据不同的分类方法，阈值分割有以下几种方法。

- 固定阈值分割法。
- 直方图阈值法。
- 迭代阈值图像分割法。
- 自适应阈值图像分割法。
- 大津阈值法 Otsu。
- 均值法。

11.1.2　基于区域的分割方法

基于区域的分割是以直接寻找区域为基础的分割技术。实际上，该分割方法与基于边界的图像分割技术类似，利用了对象与背景灰度分布的相似性。大体上，基于区域的分割方法可以分为两大类。

- 区域生长法。
- 区域分裂与合并法。

11.1.3　基于边缘的分割方法

边缘分割是指基于边缘的分割，即通过搜索不同区域之间的边界来完成图像的分割。其具体做法是：首先利用合适的边缘检测算子提取出待分割场景不同区域的边界，然后对分割边界内的像素进行连通和标注，从而构成分割区域。常用方法如下。

- Canny 边缘检测法。
- 轮廓检测法。

11.1.4　基于特定理论的分割方法

图像分割至今尚无通用的自身理论。随着各学科新理论和新方法的提出，出现了与一些特定理论、方法相结合的分割方法。常用方法如下。

- 基于聚类分析的分割方法。
- 基于模糊集理论的分割方法。

11.1.5 基于神经网络的分割方法

近年来，人工神经网络识别技术已经引起了人们的广泛关注，并应用于图像分割。基于神经网络的分割方法的基本思想是，首先通过训练多层感知机来得到线性决策函数，然后用决策函数对像素进行分类来达到分割的目的。这种方法需要大量的训练数据。神经网络存在巨量的连接，容易引入空间信息，能较好地解决图像中的噪声和不均匀问题。常用方法如下。

- U-Net。
- SegNet。
- PSPNet。

任务演练——常用图像分割方法

下面通过介绍常用的图像分割方法实例，帮助大家更好地理解图像分割的原理。

【例 11.1】使用 cv2.THRESH_BINARY、cv.THRESH_BINARY_INV、cv.THRESH_TRUNC、cv.THRESH_TOZERO、cv.THRESH_TOZERO_INV 进行阈值处理，最终对人物目标与背景进行分割。

```
import cv2 as cv                    #导入 OpenCV 库
from matplotlib import pyplot as plt
img = cv.imread("dcz.jpg",0)        #读取 dcz.jpg 图像
ret,thresh1 = cv.threshold(img,127,255,cv.THRESH_BINARY)
ret,thresh2 = cv.threshold(img,127,255,cv.THRESH_BINARY_INV)
ret,thresh3 = cv.threshold(img,127,255,cv.THRESH_TRUNC)
ret,thresh4 = cv.threshold(img,127,255,cv.THRESH_TOZERO)
ret,thresh5 = cv.threshold(img,127,255,cv.THRESH_TOZERO_INV)
titles = ['Original', 'BINARY', 'BINARY_INV', 'TRUNC', 'TOZERO', 'TOZERO_INV']
images = [img, thresh1, thresh2, thresh3, thresh4, thresh5]
for i in range(6):
    plt.subplot(2,3,i+1),plt.imshow(images[i],'gray')
    plt.title(titles[i])
    plt.xticks([]),plt.yticks([])
plt.show()
```

运行程序，显示如图 11.1 所示的运行结果。

图 11.1　将人物与背景进行分割

【例 11.2】使用 cv.Canny()函数进行边缘检测，最终将人物轮廓显示出来。

```
import cv2 as cv #导入 OpenCV 库
from matplotlib import pyplot as plt
```

```
dcz= cv.imread('dcz.jpg',0)
res = cv.Canny(horse,0,100)
plt.figure(figsize=(20,20))
plt.subplot(1,2,1)
m1 = plt.imshow(dcz,cmap=plt.cm.gray)
plt.title("原始图像")
plt.subplot(1,2,2)
m2 = plt.imshow(res,cmap=plt.cm.gray)
plt.title("Canny 边缘检测")
```

运行程序，显示如图 11.2 所示的运行结果。可以看到，使用 cv2.THRESH_BINARY_INV 得到的结果刚好是使用 cv2.THRESH_BINARY 得到的结果的反转。

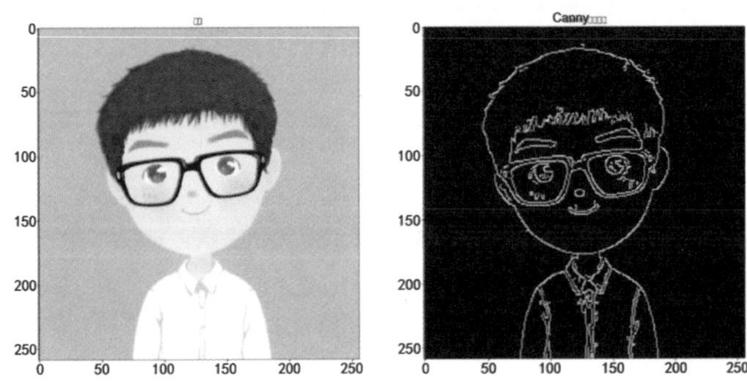

图 11.2　将人物轮廓显示出来

任务巩固——硬币分割

下面采用合适的阈值处理方法对硬币进行图像分割，并将运行结果与代码保存上交。效果如图 11.3 所示。

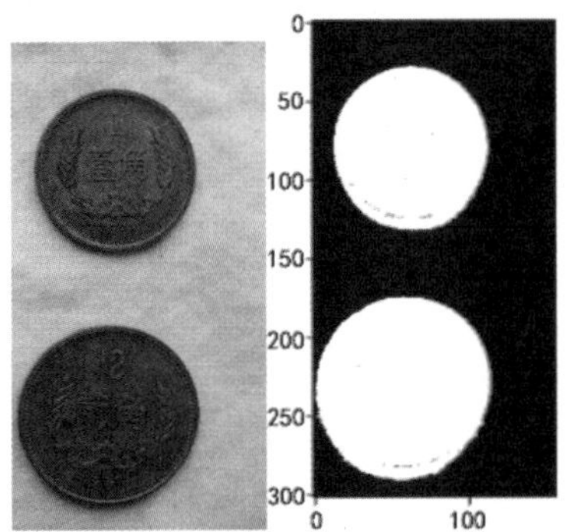

图 11.3　硬币分割效果图

任务 2　实现分水岭算法

任务目标

❖ 掌握分水岭算法的基本原理。

❖ 能够熟练运用 OpenCV 实现分水岭算法。

任务场景

在现实中，我们可以想象有山有湖的景象，一定是水绕山、山围水的情形。当然在需要时要人工构筑分水岭，以防集水盆之间的互相穿透。区分高山与水的界线，以及湖与湖之间的间隔连通的关系，这就是分水岭。本任务主要介绍分水岭算法在图像分割中的运用。

任务准备

11.2.1 分水岭算法的概念

图像的灰度空间很像地球表面的整个地理结构，每个像素的灰度值代表高度。其中灰度值较大的像素连成的线可以看作山脊，也就是分水岭。

当水平面上升到一定高度时，水就会溢出当前山谷，可以通过在分水岭上修建大坝，从而避免两个山谷的水汇集，这样图像就被分成两个像素集，一个是被水淹没的山谷像素集，另一个是分水岭线像素集。最终这些大坝形成的线就对整个图像进行了分区，实现对图像的分割，如图 11.4 所示。

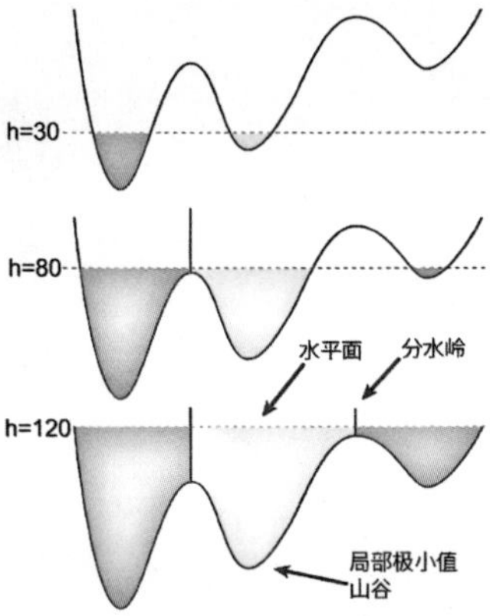

图 11.4 分水岭算法演示图

11.2.2 分水岭算法的步骤

分水岭算法是一种图像区域分割算法。在分割的过程中，分水岭算法会把与邻近像素之间的相似性作为重要的根据。分水岭算法的步骤如下。

- 读取图像。
- 转换成灰度图。
- 二值化。
- 距离变换。
- 寻找种子。
- 生成 Marker。
- 分水岭变换。

11.2.3 距离变换函数

当图像内的各个子图没有连接时，可以直接使用形态学的腐蚀操作确定前景对象，如果将图像内的子图连接在一起，就很难确定前景对象。此时，借助距离变换函数 cv2.distanceTransform()可以方便地将前景对象提取出来。

距离变换函数 cv2.distanceTransform()用于计算二值图像内任意点到最近背景点的距离。在一般情况下，使用该函数计算的是图像内非零值像素点到最近的零值像素点的距离，即计算二值图像中以像素点距离其最近的值为 0 的像素点的距离。如果有的像素点本身的值为 0，则这个距离也为 0。距离变换函数 cv2.distanceTransform()的计算结果反映了各个像素与背景

（值为 0 的像素点）的距离关系。通常情况如下。

- 如果前景对象的中心（质心）距离值为 0 的像素点距离较远，则会获取一个较大的值。
- 如果前景对象的边缘距离值为 0 的像素点较近，则会获取一个较小的值。

如果对上述计算结果进行阈值化，就可以得到图像内子图的中心、骨架等信息。距离变换函数 cv2.distanceTransform()还可以用于计算对象的中心，以及细化轮廓、获取图像前景等，有多种功能。距离变换函数 cv2.distanceTransform()的语法格式为：

```
dst = cv2.distanceTransform(src, distanceType, maskSize[, dstType])
```

- dst：表示计算得到的目标图像，可以是 8 位或 32 位浮点数，其尺寸与 8 位单通道的二值图像的尺寸相同。
- src：表示 8 位单通道的二值图像。
- distanceType：表示距离类型参数。
- maskSize：表示掩膜的大小。需要注意的是，当 distanceType 的值为 cv2.DIST_L1 或 cv2.DIST_C 时，maskSize 强制设置为 3（因为设置为 3 和设置为 5 以及更大值没什么区别）。
- dstType：表示目标图像的类型，默认值为 CV_32F。

11.2.4　图像标注函数

在确定前景后，就可以对前景图像进行标注。在 OpenCV 中，用户可以使用图像标注函数 cv2.connectedComponent()对前景图像进行标注。使用该函数会将背景标注为 0，并将其他的对象使用从 1 开始的正整数标注。图像标注函数 cv2.connectedComponents()的语法格式为：

```
retval, labels = cv2.connectedComponents(image)
```

- retval：表示返回的标注的数量。
- labels：表示标注的结果图像。
- image：表示 8 位单通道的待标注图像。

11.2.5　分水岭算法函数

分水岭算法对预处理的结果图像进行分割。在 OpenCV 中，用户可以使用 cv2.watershed()函数对预处理的结果图像进行分割。该函数的语法格式为：

```
markers = cv2.watershed(image,markers)
```

- markers：表示 32 位单通道的标注结果，其尺寸与输入图像的尺寸相同。在 markers 中，每一个像素可以被设置为初期的“种子值”，也可以被设置为“-1”，且表示边界。markers 是可选参数。
- image：表示输入图像，必须是 8 位三通道的图像。在使用 cv2.watershed()函数对图像进行处理之前，必须先用正数大致勾画出图像中的期望分割区域。每一个分割的区域会被标注为 1、2、3 等。对于尚未确定的区域，需要将它们标注为 0。我们可以将标注区域理解为进行分水岭算法分割的“种子”区域。

微课　分水岭算法的基本使用方法

任务演练——分水岭算法的基本使用方法

下面介绍使用分水岭算法对硬币图像进行图像分割。

【例 11.3】使用 cv2.threshold()函数对图像进行二值化操作。

```
import cv2                              #导入 OpenCV 库
import numpy as np
import matplotlib.pyplot as plt
img = cv2.imread('coins.jpg')       #读取 coins.jpg 图像
#将图像类型转换函数，即转换为灰度图像
gray = cv2.cvtColor(img, cv2.COLOR_BGR2GRAY)
#阈值处理
ret, thresh = cv2.threshold(gray, 0, 255, cv2.THRESH_BINARY_INV+cv2.THRESH_OTSU)
plt.imshow(thresh, cmap='gray')
plt.show()
```

运行程序，显示如图 11.5 所示的运行结果。

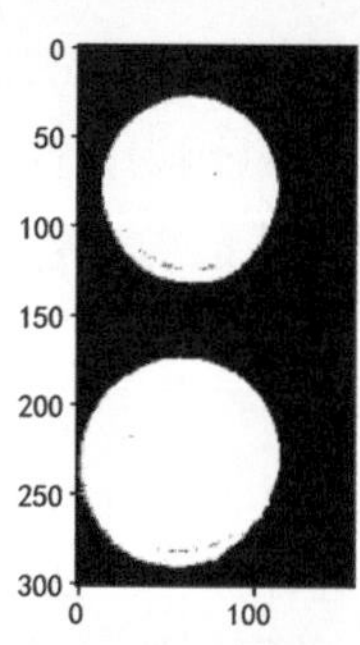

图 11.5　二值化处理

【例 11.4】使用 cv2.morphologyEx()函数对图像进行开运算。

```
#读取模板图像
kernel = cv2.getStructuringElement(cv2.MORPH_RECT, (3,3))
opening = cv2.morphologyEx(thresh, cv2.MORPH_OPEN, kernel, iterations=2) #开运算
plt.imshow(opening, cmap='gray')
plt.show()
```

运行程序，显示如图 11.6 所示的运行结果。

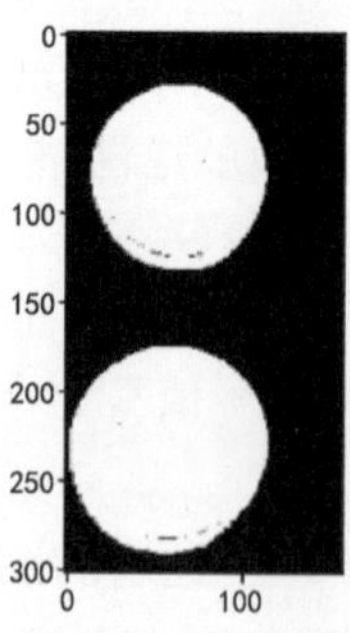

图 11.6　开运算后的运行结果

【例 11.5】使用 cv2.dilate()函数进行膨胀操作——确认背景区域。

```
sure_bg = cv2.dilate(opening, kernel, iterations=2) #膨胀操作
plt.imshow(sure_bg, cmap='gray')
plt.show()
```

运行程序，显示如图 11.7 所示的运行结果。

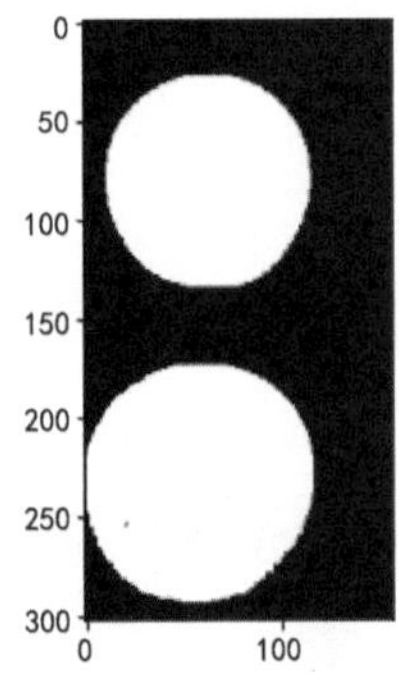

图 11.7　膨胀操作后的运行结果

【例 11.6】使用 cv2.erode()函数进行腐蚀操作——确认前景区域。

```
sure_fg = cv2.erode(opening, kernel, iterations=2)  # 腐蚀操作
plt.imshow(sure_fg, cmap='gray')
plt.show()
```

运行程序，显示如图 11.8 所示的运行结果。

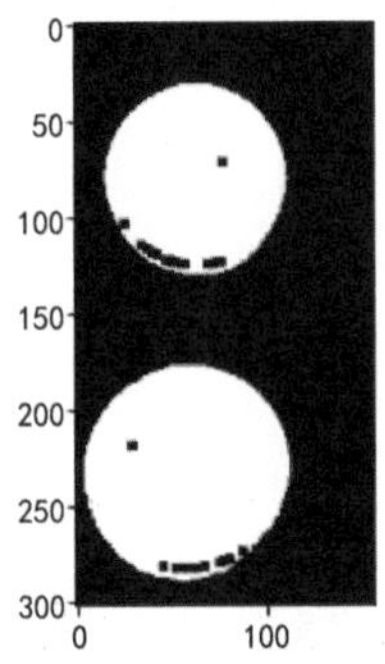

图 11.8　腐蚀操作后的运行结果

【例 11.7】使用 cv2.subtract()函数对图像进行减法操作——不确定区域。

```
unknown = cv2.subtract(sure_bg, sure_fg) #减法操作
plt.imshow(unknown, cmap='gray')
plt.show()
```

运行程序，显示如图 11.9 所示的运行结果。

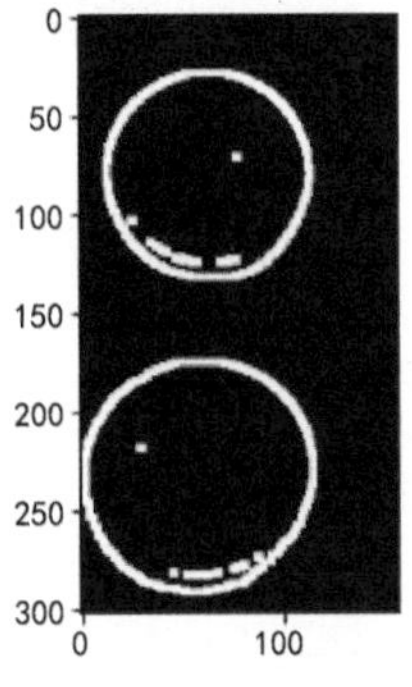

图 11.9　减法操作后的运行结果

【例 11.8】使用 cv2.distanceTransform()函数对图像进行距离变换操作。

```
dist_transform = cv2.distanceTransform(opening, cv2.DIST_L2, 5) #距离变换操作
#归一化图像
cv2.normalize(dist_transform, dist_transform, 0, 1.0, cv2.NORM_MINMAX)
plt.imshow(dist_transform, cmap='gray')
plt.show()
```

运行程序，显示如图 11.10 所示的运行结果。

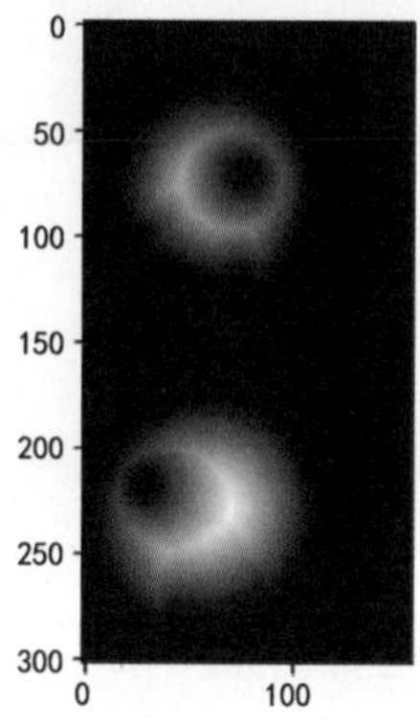

图 11.10　距离变换操作后的运行结果

【例 11.9】使用 cv2.threshold()函数对图像进行阈值变换——寻找前景区域。

```
ret, sure_fg = cv2.threshold(dist_transform, 0.5*dist_transform.max(), 255, 0)
plt.imshow(sure_fg, cmap='gray')
plt.show()
```

运行程序，显示如图 11.11 所示的运行结果。

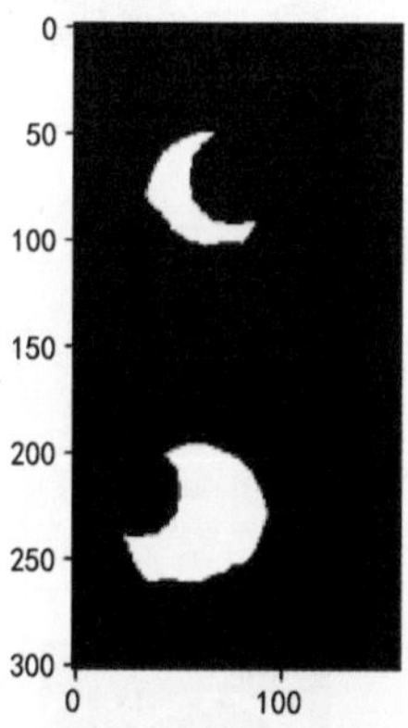

图 11.11　阈值变换操作后的运行结果

【例 11.10】使用 cv2.subtract()函数对图像进行减法操作——寻找不确定区域。

```
sure_fg = np.uint8(sure_fg)
unknown = cv2.subtract(sure_bg,sure_fg)
plt.imshow(unknown, cmap='gray')
plt.show()
```

运行程序，显示如图 11.12 所示的运行结果。

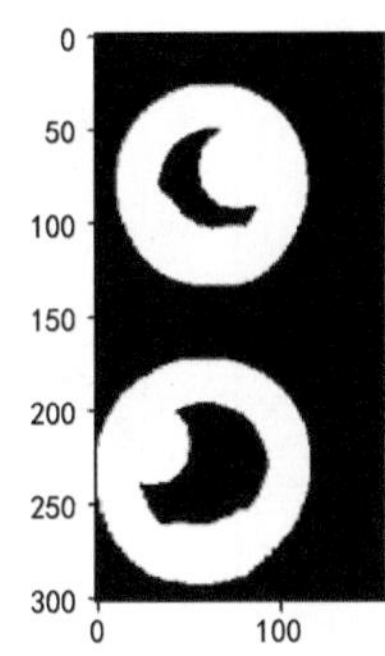

图 11.12　减法操作后的运行结果

【例 11.11】使用 cv2.connectedComponents()函数对图像进行标记操作。

```
ret, markers = cv2.connectedComponents(sure_fg)    # 标记标注值
markers = markers+1                                # 如果是背景区域，则标注值加 1
markers[unknown==255] = 0                          #如果是不确定点，则标注值为 0
markers_copy = markers.copy()
markers_copy[markers==0] = 150                     # 灰色表示背景
markers_copy[markers==1] = 0                       # 黑色表示背景
markers_copy[markers>1] = 255                      # 白色表示前景
markers_copy = np.uint8(markers_copy)
plt.imshow(markers_copy, cmap='gray')
plt.show()
```

运行程序，显示如图 11.13 所示的运行结果。

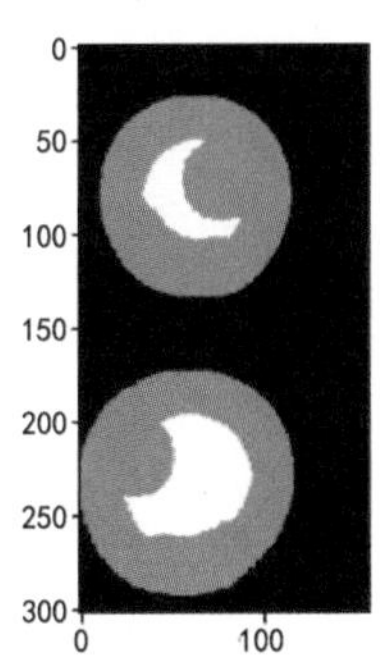

图 11.13　标记操作后的运行结果

【例 11.12】使用 cv2.watershed()函数进行图像分割（标记图像将被修改，边界区域将被标记为-1）。

```
# 使用分水岭算法执行基于标记的图像分割，将图像中的对象与背景分离
markers = cv2.watershed(img, markers)
img[markers==-1] = [0,0,255]                 # 将边界标记为红色
img = cv2.cvtColor(img,cv2.COLOR_RGB2BGR)
plt.figure(1)
plt.imshow(markers, cmap='gray')             #显示第一幅图像
plt.figure(2)
plt.imshow(img, cmap='gray')                 #显示第二幅图像
plt.show()
```

运行程序，显示如图 11.14 所示的运行结果。

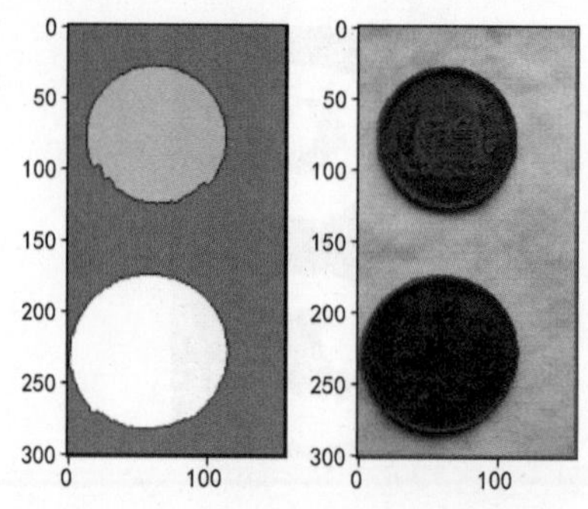

图 11.14 分水岭算法操作后运行结果

任务巩固——分水岭算法流程的总结

分水岭算法流程的总结如下。

- 对图像进行灰度化处理和二值化处理后，得到二值图像。
- 通过膨胀操作得到确定的背景区域，通过距离转换得到确定的前景区域，剩余部分为不确定区域。
- 对确定的前景图像进行连接组件处理，得到标记图像。
- 根据标记图像对原始图像进行分水岭算法，更新标记图像。

任务 3 鼠标交互

任务目标

❖ 掌握鼠标交互的基本使用方法。

❖ 掌握鼠标响应函数。

任务场景

鼠标交互是指当用户触发鼠标事件时，根据需求对鼠标事件做出响应。例如，用户首先通过单击鼠标可以绘制一个圆，然后创建一个 OnMouse()响应函数，将要实现的操作写在该响应函数内，以及需要在图像中标记出重要的区域。

本任务主要介绍鼠标交互的基本使用方法及其应用场景。

任务准备

鼠标响应函数在鼠标事件发生时被执行。鼠标事件可以是与鼠标相关的任何内容，如左键向下、左键向上、左键双击等。它为我们提供了每个鼠标事件的坐标（x,y）。通过这个活动和地点，我们可以做任何事情。

OpenCV 中提供了一个 cv2.setMouseCallback()鼠标响应函数，该函数的语法格式为：

```
cv2.setMouseCallback(windowName, onMouse [, param])
```

- windowName：在其中添加鼠标响应的窗口的名称。
- onMouse：鼠标响应的回调函数。
- param：传递给回调函数的可选参数。

该函数能够在指定的图像窗口中添加鼠标响应事件。其中 onMouse 为鼠标响应的回调函数，其语法格式为：

```
onMouse(event, x, y, flags,param)
```

- event：由回调函数根据鼠标对图像的操作自动获得，内容包含单击、左键弹起、右击等非常多的操作。
- (x,y)：由回调函数自动获得，记录了鼠标指针当前位置的坐标，坐标以图像左上角为原点（0,0），x 方向向右为正，y 方向向下为正。
- flags：记录一些专门的操作。
- param：从 setMouseCallback()函数中传递过来的参数。该参数在 setMouseCallback()函数中是可选参数，所以可以不用设置。

任务演练——使用鼠标交互方法绘制圆

下面主要介绍使用鼠标交互方法绘制圆的实例，来帮助大家更好地理解鼠标交互的原理。

【例 11.13】使用 cv2.setMouseCallback()函数绘制圆。

```
import cv2
# 编写回调函数
def draw_circle(event, x, y, flags, param):
    # 通过单击绘制实心圆
    if event == cv2.EVENT_LBUTTONDOWN :
        cv2.circle(img, center=(x, y), radius=5,
                   color=(255, 0, 0), thickness=-1)
    # 通过右击绘制空心圆
    elif event == cv2.EVENT_RBUTTONDOWN:
        cv2.circle(img, center=(x, y), radius=5,
                   color=(0, 255, 0), thickness=1)
img = cv2.imread('yiqing.png')
cv2.namedWindow(winname='drawing')
cv2.setMouseCallback('drawing', draw_circle)
while True:
    cv2.imshow('drawing', img)
    # 按下 q 键退出循环
    if cv2.waitKey(1) & 0xFF == ord('q'):
        break
cv2.destroyAllWindows()
```

运行程序，显示如图 11.15 所示的运行结果。即在手掌食指部分绘制的图。

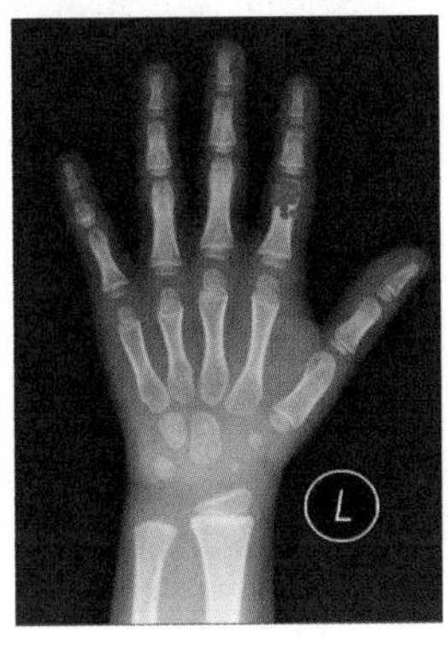

图 11.15　实心圆标注

任务巩固——实现图像数据标注软件 demo 的功能

微课 实现图像数据标注软件 demo 的功能

基于图像的 AI 需要使用标注图像进行训练，这些标注又被称为“ground truth”、“labeled”或“annotated”数据。不同的数据科学模型有多种类型的“标注”，它们各不相同，包括特征点、插值、姿态估计等。下面利用鼠标响应函数实现简单的图像数据标注软件 demo 的功能。

```
import cv2
drawing = False  # 是否开始绘制图像
start = (-1, -1)
# 鼠标响应函数的参数格式是固定的，不要随意更改
def mouse_event(event, x, y, flags, param):
    global start, drawing
    # 按下左键：开始绘制图像
    if event == cv2.EVENT_LBUTTONDOWN:
        drawing = True
        start = (x, y)
    # 移动鼠标指针，绘制图像
    elif event == cv2.EVENT_MOUSEMOVE:
        if drawing:
            cv2.circle(img, (x, y), 5, (0, 0, 255), -1)
    # 释放鼠标左键：结束绘制图像
    elif event == cv2.EVENT_LBUTTONUP:
        drawing = False
        cv2.circle(img, (x, y), 5, (0, 0, 255), -1)
        cv2.imwrite("draw.png",img)
img = cv2.imread('yiqing.png')
cv2.namedWindow(winname='drawing')
cv2.setMouseCallback('drawing', mouse_event)
while True:
    cv2.imshow('drawing', img)
    # 按下 q 键退出循环
    if cv2.waitKey(1) & 0xFF == ord('q'):
        break
cv2.destroyAllWindows()
```

运行程序，显示如图 11.16 所示的运行结果。

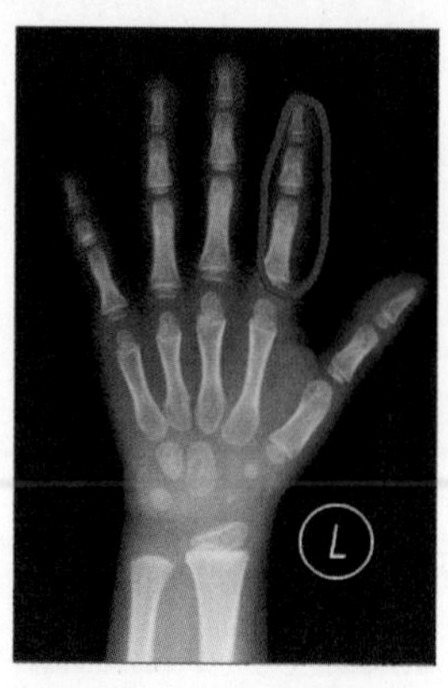

图 11.16 图形标注

任务 4　实现区域生长算法

任务目标

❖ 掌握区域生长算法的基本使用方法。
❖ 能够根据区域生长算法实现图像分割。

任务场景

区域生长算法在日常生活中具有非常广泛的应用，如 Photoshop 中的油漆桶、魔法棒、自动抠图等功能。利用魔法棒工具单击图像上的一点，就会选中与该颜色一样的连续区域。本任务主要介绍基于区域生长算法的图像分割方法。

任务准备

11.4.1　区域生长算法的原理

区域生长算法的基本原理是将有相似性质的像素点合并到一起。对每一个区域要先指定一个种子点作为生长的起点，再对种子点周围领域的像素点和种子点进行对比，将具有相似性质的点合并起来继续向外生长，直到没有满足条件的像素被包括进来为止，这样一个区域的生长就完成了。在这个过程中需注意以下几个关键的问题。

- 给定种子点（如何选取种子点？）：我们可以使用人工交互的方法选取种子点，还可以使用其他方式选取种子点，如寻找物体并提取物体内部的点作为种子点。
- 确定在生长过程中能将相邻像素包括进来的准则：灰度图像的差值、彩色图像的颜色等，都是关于像素值与像素间的关系描述。
- 生长的停止条件：如果没有像素满足加入某个区域的条件，则区域停止生长。终止规则的制定需要先验知识或先验模型。

11.4.2　灰度差值的区域生长算法实现

灰度差值的区域生长算法的原理实现步骤如下。

- 创建一个空白的图像（全黑）。
- 将种子点存储到 vector 中，vector 中存储待生长的种子点。
- 依次弹出种子点并判断种子点，如周围 8 领域的关系（生长规则），将相似的点作为下次生长的种子点。
- 如果 vector 中不存在种子点，就停止生长。

图 11.17 所示为灰度差值的区域生长算法的原理示意图。

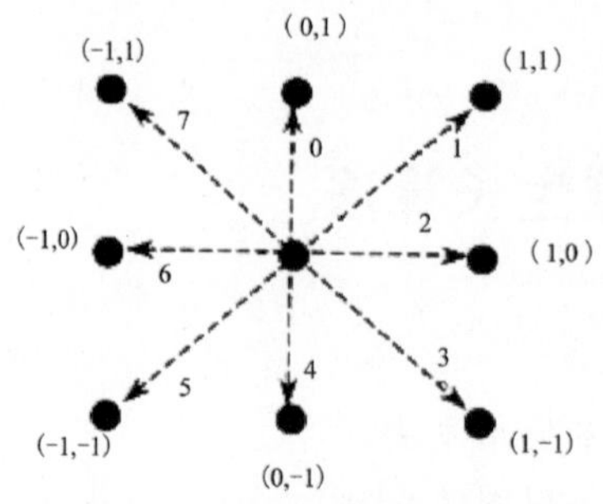

图 11.17　灰度差值的区域生长算法的原理示意图

任务演练——实现固定种子点的区域生长算法

下面主要介绍使用 OpenCV 实现区域生长算法，通过介绍一个基于灰度差值的区域生长算法的实例，来帮助大家更好地理解区域生长算法的原理。

微课 使用 OpenCV 实现灰度差值的区域生长算法

【例 11.14】使用 OpenCV 实现灰度差值的区域生长算法。

```
import cv2                                              # 导入 OpenCV 库
import numpy as np
class Point(object):                                    # 定义 Point 类
    def __init__(self,x,y):
        self.x = x
        self.y = y
    def getX(self):
        return self.x
    def getY(self):
        return self.y
def getGrayDiff(img,currentPoint,tmpPoint):    # 计算像素之间的偏差
    return abs(int(img[currentPoint.x,currentPoint.y]) -
int(img[tmpPoint.x,tmpPoint.y]))
def selectConnects(p):                                  # 设定八邻域或四邻域
    if p == 8:
#八邻域
        connects = [Point(-1, -1), Point(0, -1), Point(1, -1), Point(1, 0), Point(1,
1), \
                    Point(0, 1), Point(-1, 1), Point(-1, 0)]
    else:
        #四邻域
        connects = [ Point(0, -1),  Point(1, 0),Point(0, 1), Point(-1, 0)]
    return connects
def regionGrow(img,seeds,thresh):                       # 定义生长函数
    #读取图像的宽度、高度，并创建一个与原始图像大小相同的 seedMark
    height, width = img.shape
    seedMark = np.zeros(img.shape)
    #将定义的种子点放入种子点序列 seedList 中
    seedList = []
    for seed in seeds:
        seedList.append(seed)
    label = 1
```

```
    #connects = selectConnects(p)              #选择邻域
    p=4
    connects = selectConnects(p)
    #逐个点开始生长，生长的结束条件为种子序列为空，即没有生长点
    while(len(seedList)>0):
        #将弹出种子点序列的第一个点作为生长点
        currentPoint = seedList.pop(0)#弹出第一个元素
        #将生长点对应的 seedMark 点赋值为 label，即为白色
        seedMark[currentPoint.x,currentPoint.y] = label
        #以种子点为中心，对四邻域的像素进行比较
        for i in range(p):
            tmpX = currentPoint.x + connects[i].x
            tmpY = currentPoint.y + connects[i].y
            #判断是否为图像外的点，如果是则跳过。如果种子点是图像的边界点，则邻域点会落在图像外
            if tmpX < 0 or tmpY < 0 or tmpX >= height or tmpY >= width:
                continue
            #判断邻域点和种子点的差值
            grayDiff = getGrayDiff(img,currentPoint,Point(tmpX,tmpY))
            #如果邻域点和种子点的差值小于阈值并且是没有被分类的点，则该点被认为与种子点同类，赋
值为 label，并作为下一个种子点放入种子序列 seedList 中
            if grayDiff < thresh and seedMark[tmpX,tmpY] == 0:
                seedMark[tmpX,tmpY] = label
                seedList.append(Point(tmpX,tmpY))
    return seedMark
# 应用区域生长
img = cv2.imread(hand.png',0)             #读入图像的灰度图像
# img = cv2.resize(img,(256,256))
cv2.namedWindow('gray')
seeds = [Point(175,154)]#选定种子点
binaryImg = regionGrow(img,seeds,5)
cv2.imshow('segment',binaryImg)           # 显示图 11.18 中的左图
cv2.imshow('gray', img)                   # 显示图 11.18 中的右图
cv2.waitKey(0)
cv2.destroyAllWindows()
```

运行程序，显示如图 11.18 所示的运行结果。

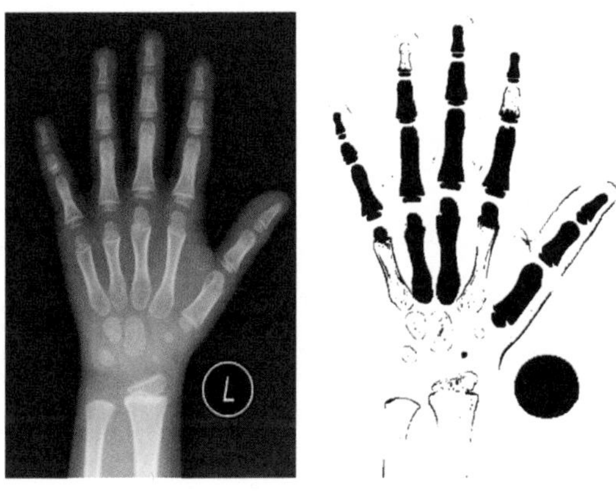

图 11.18　区域生长算法的运行结果

任务巩固——使用鼠标交互实现区域生长算法

用户根据前面所学的知识，已经掌握了鼠标交互的操作方法。下面使用鼠标交互实现区域生长算法，并将运行结果与代码保存上交。

当单击中指时，自动分割出中指部分，效果如图 11.19 所示。

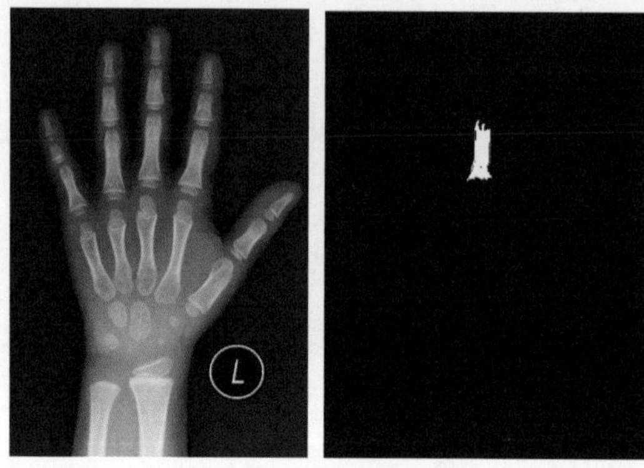

（a）原始图像　　（b）自动分割中指后的图像

图 11.19　使用鼠标交互实现区域生长算法的效果图

项目 12 视频处理

项目介绍

与静止的图像不同，视频为活动图像。我们所看到的电视、电影都属于视频的范畴。视频实际上是由一系列图像构成的，这一系列图像被称为“帧”，每一幅图像被称为“一帧”，帧也是构成视频信息的最基本单元。对视频进行数字图像处理，本质上也是对帧进行处理。

学习目标

- ✧ 能够理解视频处理的概念与意义。
- ✧ 能够使用 cv2.VideoCapture()函数读取摄像头、视频并获取属性。
- ✧ 掌握使用 cv2.VideoWriter()函数保存视频的方法。
- ✧ 掌握对视频进行逐帧处理的方法。
- ✧ 掌握使用 PaddleHub 调用模型的方法。
- ✧ 掌握使用 Python 结构化数据的分析方法。

任务 1　视频处理基础

任务目标

- ❖ 能够理解视频处理的概念与意义。
- ❖ 掌握读取摄像头、视频及属性获取的函数。

任务场景

视频是非常重要的图像信息来源，也是计算机视觉领域经常要处理的一类信号。我们在生活中也经常会遇到视频处理的应用场景，如人脸识别、产品缺陷检测、无人机巡检、物料搬运等，其在制造、农业、金融、物流等领域都有广泛应用。本任务主要介绍视频处理的基础知识，以及如何打开视频流获取参数。

任务准备

12.1.1　cv2.VideoCapture()函数

在 OpenCV 中，用户可以使用 cv2.VideoCapture()函数进行视频流初始化。该函数的语法格式为：

```
cap= cv2.VideoCapture(ID)
```

- cap：表示摄像头捕获的对象。
- ID：表示摄像头的 ID 编号，默认值为-1，表示随机选取一个摄像头。如果有多个摄像头，则可以使用数字来指定要处理的摄像头，如数字“0”表示第一个摄像头。如果想要处理视频，则参数可以为文件名，如“test.mp4”。

在具体使用时，代码示例如下：

```
cap = cv2.VideoCapture(0)
cap = cv2.VideoCapture('test.mp4')
```

12.1.2　捕获帧

在完成视频流初始化之后，我们就可以从视频流中捕获帧信息。捕获帧的函数为cv2.VideoCapture.read()，语法格式如下：

```
retval, image=cv2.VideoCapture.read()
```

- retval：表示是否成功捕获帧，返回值为布尔型。如果返回值为 True，则表示成功捕获帧。
- image：表示捕获的帧信息，也就是图像。

12.1.3　释放帧

在使用完视频流之后，我们需要对视频资源进行释放，即释放帧。释放帧的函数为cv2.VideoCapture.release()。该函数一般被放置在代码最后位置，cv2.destroyAllWindows()函数之前。

任务演练——打开视频

下面通过介绍打开视频的方法，帮助大家更好地理解视频处理的操作过程。

微课 打开视频

【例 12.1】打开视频。

```
import cv2
cap = cv2.VideoCapture('redone.mp4')          #初始化视频
while(cap.isOpened()):                        #循环读取帧
    ret, frame = cap.read()                   # 获取一帧
    cv2.imshow('frame', frame)
    if cv2.waitKey(1) == ord('q'):
        break
```

```
cap.release()
cv2.destroyAllWindows()
```

运行程序，显示如图 12.1 所示的运行结果。

图 12.1　打开视频结果

但此时可发现，如果视频运行结束，下方会报错，那么应该如何解决这个问题呢？我们可以根据 cap.read()返回值的 ret 进行判断，如果检测到帧，则执行程序；如果没有检测到帧，则终止程序，可见例 12.2。

【例 12.2】打开视频优化。

```
import cv2
cap = cv2.VideoCapture('redone.mp4')          #初始化视频
while(cap.isOpened()):                         #循环读取帧
    ret, frame = cap.read()                    # 获取一帧
    if ret:
        cv2.imshow('frame', frame)
        if cv2.waitKey(1) == ord('q'):
            break
    else:
        break
cap.release()
cv2.destroyAllWindows()
```

运行程序，显示如图 12.1 所示的运行结果，但系统不会报错。

任务巩固——打开摄像头

下面修改 cv2.VideoCapture()函数中传入的形式参数，编程实现打开摄像头，并将运行结果与代码保存上交，效果如图 12.2 所示。

图 12.2　打开摄像头的效果图

任务 2　保存视频

任务目标

❖ 掌握使用 cv2.VideoWriter()函数保存视频的方法。

任务场景

在上述任务中，我们介绍了打开视频的方法。在视频处理中，有时需要保存视频画面，这个时候最佳方案是保存成一个视频文件。本任务主要介绍在 OpenCV 中保存视频的方法。

任务准备

在 OpenCV 中，用户可以使用 cv2.VideoWriter()函数保存视频。该函数的语法格式为：

```
result=cv2.VideoWriter(filename, fourcc, fps, frameSize[, isColor])
```

- result：表示视频流输出对象。
- filename：表示保存文件的路径。
- fourcc：表示编码器，常见的有 DIVX、MJPG、XVID、X264，推荐使用 XVID。
- fps：表示待保存视频的帧率。
- frameSize：表示待保存视频的画面尺寸。需要注意的是，该尺寸应该与视频处理完的结果尺寸一致。
- isColor：表示待保存视频是黑白画面还是彩色画面。

微课 保存视频

任务演练——保存视频

下面主要介绍如何保存视频。

【例 12.3】保存视频。

```
import cv2
capture = cv2.VideoCapture("redone.mp4")
# 定义编码方式并创建 VideoWriter 对象
fourcc = cv2.VideoWriter_fourcc(*'XVID')
outfile = cv2.VideoWriter('output1.mp4', fourcc, 25, (544, 960))
while(capture.isOpened()):
    ret, frame = capture.read()
    if ret:
        outfile.write(frame)  # 写入文件
        cv2.imshow('frame', frame)
        if cv2.waitKey(1) == ord('q'):
            break
    else:
        break
capture.release()
outfile.release()
cv2.destroyAllWindows()
```

运行程序，显示如图 12.3 所示的运行结果。

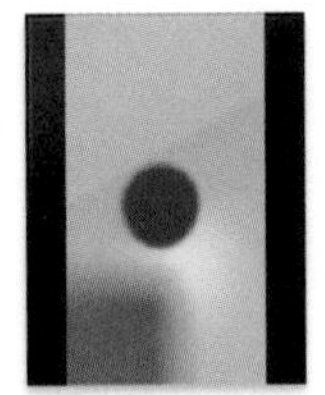
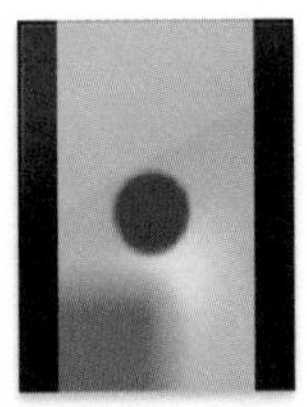

redone.mp4　output1.mp4

图 12.3　原始视频与重新存储的视频

任务巩固——保存视频

通过任务演练我们可以实现视频的保存，根据所学知识，将“redone.mp4”保存为分辨率为“500px×500px”的视频，并将运行结果与代码保存上交，效果如图 12.4 所示。

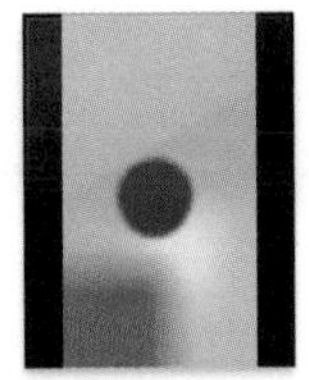
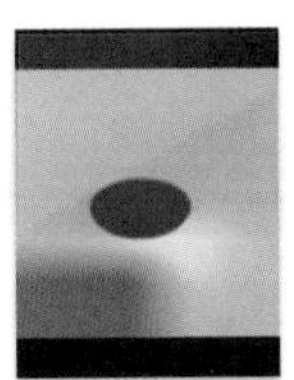

redone.mp4　output1.mp4

图 12.4　保存视频的效果图

任务 3　对视频进行逐帧处理

任务目标

- ❖ 理解帧的概念。
- ❖ 掌握对视频进行逐帧处理的方法。

任务场景

任务 2 中的任务巩固其实就是对视频进行逐帧处理的实践。本任务将系统地介绍如何对视频进行逐帧处理。

任务准备

通过 ret, frame = cap.read()语句已经捕获了帧，那么如何对帧进行处理呢？本质上，对帧进行处理与对图像进行处理是一样的。换而言之，每一帧都是一幅图像，frame 是我们要处理的对象。例如，假设要对帧进行边缘检测，代码如下：

```
ret, frame = cap.read()                          # 获取一帧
#逐帧处理区域
if ret:
    gray=cv2.cvtColor(frame, cv2.COLOR_BGR2GRAY)    #转换为灰度图像
```

```
    canny=cv2.Canny(gray,80,150)
    cv2.imshow('frame', frame)
    cv2.imshow('canny', canny)
if cv2.waitKey(1) == ord('q'):
        break
```

运行程序，显示如图 12.5 所示的运行结果。

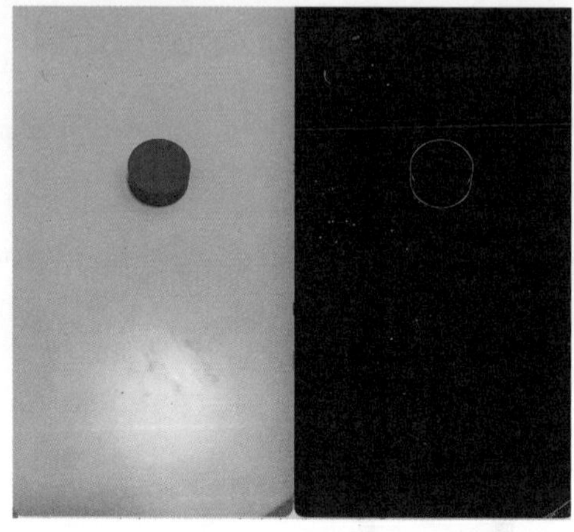

图 12.5　对帧进行边缘检测的运行结果

任务演练——提取视频中的特定颜色

微课 提取视频中的特定颜色

提取特定颜色是图像处理的一种基本应用。下面主要介绍如何提取视频中的特定颜色。

【例 12.4】提取视频中的特定颜色。

```
import cv2
import numpy as np
#实例化一个摄像头对象
cap = cv2.VideoCapture("redone.mp4")
while(cap.isOpened()):
    ret, frame = cap.read()
    if ret:
        hsv = cv2.cvtColor(frame, cv2.COLOR_BGR2HSV)
        #设定红色的阈值
        lower_red = np.array([155, 43, 46])
        upper_red = np.array([180, 255, 255])
        # 根据阈值构建掩膜
        mask = cv2.inRange(hsv, lower_red, upper_red)
        # 对原始图像和掩膜进行位运算
        frame = cv2.bitwise_and(frame, frame, mask=mask)
        cv2.imshow("result",frame)
        if cv2.waitKey(1)==ord("q"):
            break
cap.release()
cv2.destroyAllWindows()
```

运行程序，显示如图 12.6 所示的运行结果。

图 12.6　提取视频中的特定颜色

任务巩固——摄像头滤镜

下面要求读取摄像头进行视频流处理，同时自主选择一种滤镜进行逐帧处理，将运行结果与代码保存上交。简述摄像头逐帧处理的优缺点，以及需要注意的关键点。

任务 4　实战：口罩佩戴检测

任务目标

- 掌握使用 PaddleHub 调用模型的方法。
- 掌握使用 Python 结构化数据的分析方法。

任务场景

截止到 2022 年 11 月，国内近期连续报告新型冠状病毒肺炎本地确诊病例及无症状感染者的人数，多地疾控中心发布疫情紧急风险提示。出门戴口罩是防止感染新型冠状病毒有效的方式。在某些场合，如药店、菜市场门口有工作人员提醒佩戴口罩、测量体温。那么对于是否佩戴口罩能不能交给计算机去完成呢？其实我们只需要一台计算机、一个摄像头就能完成这个任务。本任务主要实现使用摄像头实时检测是否佩戴口罩，能够满足人们日常出入检测的需求，达到使用专业知识服务社会的目的。

任务准备

12.4.1　口罩佩戴检测模型简介

飞桨（PaddlePaddle）由百度开发，是中国首个自主研发、功能完备、开源开放的产业级深度学习平台。本任务基于飞桨开源的口罩佩戴识别模型进行真实场景预测。

PaddleHub 可以便捷地获取 PaddlePaddle 生态下的预训练模型，完成模型的管理和一键预测。配合使用 Fine-tune API，可以基于大规模预训练模型快速完成迁移学习，让预训练模型能更好地服务于用户特定场景的应用。当前 PaddleHub 开源的模型有 OCR 文字识别、动物识别、视频分类、口罩人脸检测等。

下面介绍一下口罩佩戴检测模型的环境准备部分。打开 Powershell，输入如下语句：

```
pip install paddlehub
pip install paddlepaddle
```

上述操作完成之后，在 Jupyter Notebook 中输入如下语句进行测试：

```
import paddlehub
#加载口罩检测模型，加载成功之后，系统不会报错，完成环境安装
module = paddlehub.Module(name="pyramidbox_lite_mobile_mask")
```

12.4.2 口罩佩戴检测模型分析

在执行 results = module.face_detection(data=input_dict)语句之后，模型输出结果如图 12.7 所示。

```
{ ← 字典
  "data": { ← 字典
    "label": "MASK", ← 标签
    "left": 258.37087631225586, ← 左
    "right": 374.7980499267578, ← 右
    "top": 122.76758193969727, ← 上
    "bottom": 254.20085906982422, ← 下
    "confidence": 0.5630852 ← 置信度
  },
  "id": 1
}
```

图 12.7 模型输出结果

上述数据是一个字典形式的数据，如果想要调用“label”数据，则可以使用 data = result['data'][0]语句，而“left”、“right”、“top”和“bottom”数据对应着矩形框左上角点（left,top）、右下角点（right,bottom），可结合 cv2.rectangle()函数对面部进行标示。

“confidence”为置信度，置信度的值越大说明佩戴口罩的概率越大。

微课 口罩佩戴分类

任务演练——口罩佩戴分类

PaddleHub 口罩检测提供了两种预训练模型，即 pyramidbox_lite_mobile_mask 和 pyramidbox_lite_server_mask。两者均是基于 2018 年百度发表于计算机视觉顶级会议 ECCV 2018 的论文 PyramidBox 而研发的轻量级模型。该模型基于主干网络 FaceBoxes，对于光照、口罩遮挡、表情变化、尺度变化等常见问题具有很强的鲁棒性。不同点在于，pyramidbox_lite_mobile_mask 是针对移动端优化过的模型，适合部署于移动端或边缘检测等算力受限的设备上。下面仅使用 pyramidbox_lite_mobile_mask 进行实践。

【例 12.5】对有无佩戴口罩进行分类，同时标记在图像上。

```
import cv2                                                    #导入 OpenCV 库
import paddlehub
module = paddlehub.Module(name="pyramidbox_lite_mobile_mask")  #口罩检测模型
cap = cv2.VideoCapture(0)                                     #读取摄像头
while(cap.isOpened()):                                        #检测摄像头是否打开
    ret, frame = cap.read()                                   # 读取一帧
    input_dict = {"data": [frame]}
```

```
        results = module.face_detection(data=input_dict)
        for result in results:
            print(result)
            data = result['data'][0]
            label = data["label"]
            color = (0, 255, 0)
            if label == 'NO MASK':
                color = (0, 0, 255)
            cv2.putText(frame, label, (0, 20), cv2.FONT_HERSHEY_SIMPLEX, 0.8, color,
2)
        cv2.imshow('Mask-Detector', frame)                    #显示图像
        k = cv2.waitKey(10) & 0xff                            #按 Esc 键退出程序
        if k == 27:
            break
    cap.release()                                             #关闭摄像头
    cv2.destroyAllWindows()                                   #关闭所有窗口
```

运行程序，显示如图 12.8 所示的运行结果。

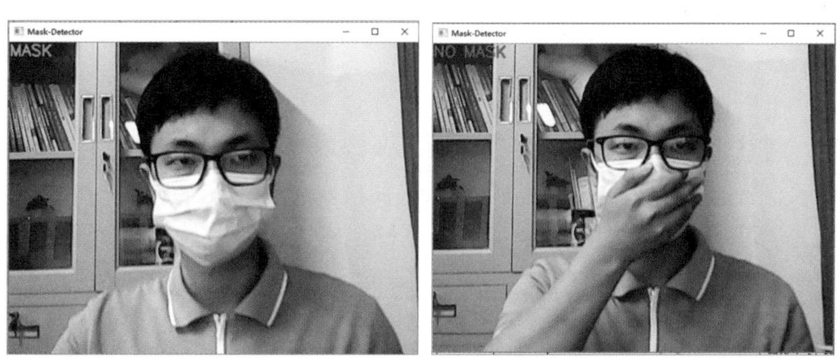

图 12.8　佩戴口罩与未佩戴口罩

任务巩固——标示人物面部

修改任务演练中的代码，对人物面部进行标示，效果如图 12.9 所示。

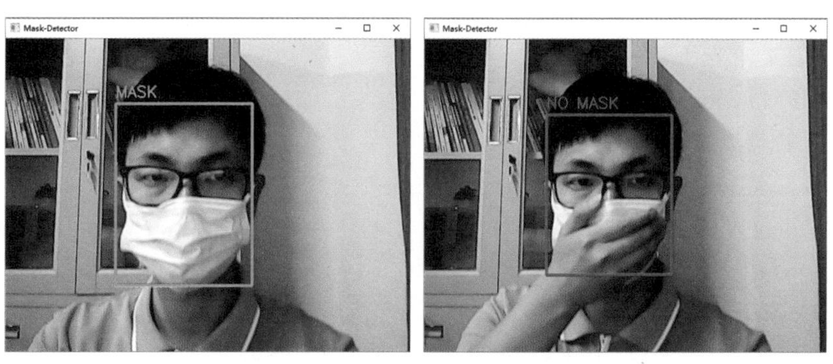

图 12.9　标示人物面部效果图

项目 13

综合实战

项目介绍

在日常生产生活过程中，数字图像处理技术有着非常广泛的应用，如工业生产、自动驾驶、智慧安防、智慧交通等。本项目主要介绍工业领域的产品缺陷检测技术、自动驾驶领域的图像拼接技术、智慧安防领域的人脸检测与识别技术、智慧交通领域的人体目标跟踪检测技术，读者通过学习本项目，能够触类旁通，更好地将人工智能技术应用于社会中。

学习目标

✧ 理解缺陷检测的概念与意义。
✧ 掌握使用滑动条进行阈值筛选的方法。
✧ 掌握使用矩形框求和并筛选出特定目标的方法。
✧ 理解图像拼接的概念和应用。
✧ 掌握 SIFT 角点检测的原理。
✧ 掌握 BFMatcher 特征匹配的过程。
✧ 掌握人脸检测器模型调用方法。
✧ 掌握 OpenCV 在人脸识别与训练中的应用。
✧ 熟悉 OpenCV 追踪算法。
✧ 掌握 OpenCV 追踪算法的使用方法。

任务 1　产品缺陷检测

任务目标

❖ 理解缺陷检测的概念与意义。
❖ 掌握使用滑动条进行阈值筛选的方法。

❖ 掌握使用矩形框求和并筛选出特定目标的方法。

任务准备

13.1.1 背景介绍

产品缺陷检测是指生产生活中利用计算机视觉技术挑选和标定不合格产品的一种方法，是指利用计算机视觉技术快速、有效地对产品的异常问题进行监测和分类的技术。常见的产品缺陷检测包括对产品表面孔洞、凸起、缝隙、铸点等表层形态异常的检测，以及产品表面颜色、纹理、标签位置和标签完整度、标识字符的检测，还应包括以 X 光成像方式进行的产品内部缺陷（如缝隙、气孔、裂痕、损伤点等）的检测。

产品检测技术的本质就是利用图像色彩空间变换及形态学变化等操作，使不明显的瑕疵特征能够有效地凸显出来，并能通过数值的方式被检出，从而实现正常产品和瑕疵品之间的区分。在现代化工业生产流程中，产品缺陷检测的好坏在很大程度上决定了产品整体质量的优劣，是人工智能产品技术在现代工厂中不可或缺的一部分。

13.1.2 逻辑框示意图

图 13.1 所示为产品缺陷检测逻辑框示意图。

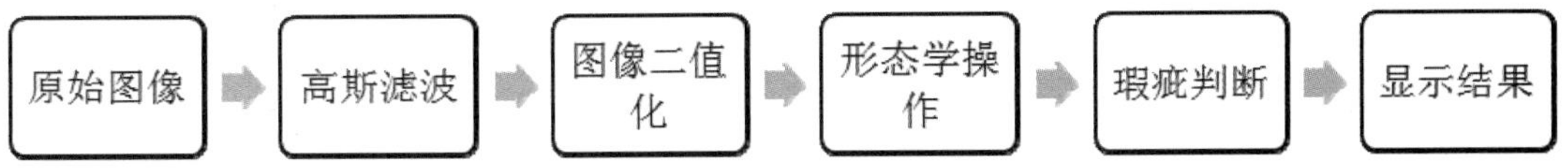

图 13.1 产品缺陷检测逻辑框示意图

13.1.3 高斯滤波

几乎所有传统视觉处理算法中，拿到原始图像的第一步就是对图像进行高斯滤波操作，去除图像中的噪声。对于目标特征不明显的图像，有时还需要通过特征强化的方式来凸显目标特征与其他特征的不同之处。在 OpenCV 中，用户可以使用 cv2.GaussianBlur()函数进行高斯滤波操作，用于去除图像中的噪声。该函数的语法格式为：

```
imgGauss=cv2.GaussianBlur(src, ksize, sigmaX, sigmaY)
```

- imgGauss：表示经过滤波后的图像。
- src：表示输入图像。
- ksize：表示滤波窗口尺寸，即在进行滤波操作的过程中单次对像素的处理范围。
- sigmaX：表示 x 轴方向上的高斯核标准差。
- sigmaY：表示 y 轴方向上的高斯核标准差。

需要注意的是，使用高斯滤波函数可以去除图像中的部分噪声，但也会降低图像锐度，使图像的清晰度下降。

13.1.4 图像二值化

在进行产品瑕疵检测时，需要对目标外的其他特征进行屏蔽或弱化。例如，当对近似光滑（非纹理）的产品表面进行瑕疵检测时，可以使用二值化的方法直接滤除掉背景或噪声，从而凸显目标。在 OpenCV 中，用户可以使用 cv2.threshold()函数对图像进行二值化操作。该函数的语法格式为：

```
imgTh=cv2.threshold(src, thresh, maxval, type)
```

- imgTh：表示处理后的图像。
- src：表示待处理的图像。
- thresh：表示二值化设定阈值，传统处理过程中比此值小的像素位置会被赋值为 0，反之被赋值为 1 或 255。
- maxval：表示填充色，取值范围为 0～255。
- type：表示阈值类型。

在使用二值化处理图像时，往往最难把握的就是阈值选择，恰当的阈值可以极大地简化操作过程。因此在选择阈值时，通常需要借助滑动条进行阈值选择，也可以利用经验值直接赋值。

13.1.5 形态学操作

部分图像在经过处理后仍然会存在较多噪声，因此需要使用形态学操作来去除部分多余的噪声。在 OpenCV 中，用户可以使用 cv2.dilate()函数和 cv2.erode()函数进行形态学操作，也可以使用 cv2.morphologyEx()函数进行形态学操作。该函数的语法格式为：

```
imgMorp = cv2.morphologyEx(src,op,kernel)
```

- imgMorp：表示处理后的图像。
- src：表示用于处理的图像。
- op：表示形态学操作类型，包括 cv2.MORPH_CLOSE（闭操作）、cv2.MORPH_OPEN（开操作）。
- kernel：形态学操作的窗口设置方法。

在一般实际使用过程中，先进行腐蚀、膨胀操作后再进行形态学开或闭的操作，以免筛除有用信息。

13.1.6 瑕疵判断

在传统图像处理中，确定痕迹位置较为简便的方法是，求取特定区域内的像素和。由于目标特征已经被凸显，可知目标点的像素值与其他背景位置的和差别较大，此时以卷积滑窗为求和范围，在目标产品内部进行遍历求和，极值位置即为痕迹位置。确定痕迹位置后，可使用矩形框将其框选起来，进行标定。OpenCV 中用于绘制矩形框的函数为 cv2.rectangle()。该函数的语法格式为：

```
cv2.rectangle(img,pt1,pt2,color,thickness,lineType,shift)
```

- img：表示用于绘制矩形的背景图像。
- pt1：表示矩形左上角对应点。

- pt2：表示矩形右下角对应点。
- color：表示矩形线条的颜色。
- thickness：表示矩形线条的粗细。
- lineType：表示绘制矩形的线型。
- shift：表示坐标点的小数点位数。

在常用的矩形框绘制过程中，lineType 和 shift 的使用频率较低，如果程序中未明确说明，将 lineType 设置为默认线型。

微课 实现产品缺陷检测

任务演练——实现产品缺陷检测

【例 13.1】实现产品缺陷检测。

步骤 1：高斯滤波。

```
import cv2
img = cv2.imread('x2.jpg')                                     #读取当前文件夹中的 x2.jpg 图像
imgGauss = cv2.GaussianBlur(img,(5,5),1.5)                     #对图像进行高斯滤波操作
imgTemp = cv2.resize(imgGauss,(0,0),None,0.3,0.3)              #对图像进行尺寸变化
# cv2.imshow('Original',img)                                   #在 Original 窗口中显示原始图像
cv2.imshow('Gauss', imgTemp)                                   #在 Gauss 窗口中显示尺寸变化后的图像
cv2.waitKey(0)                                                 #等待按下键盘任意键结束程序
cv2.destroyAllWindows()                                        #关闭所有窗口
```

运行程序，显示如图 13.2 所示的运行结果。

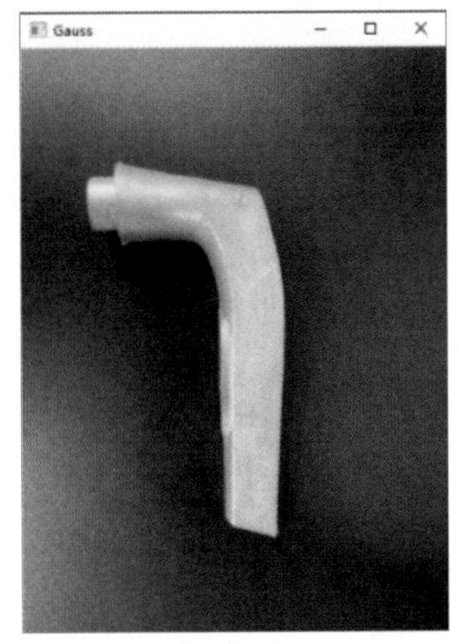

图 13.2　高斯滤波操作后的图像效果

步骤 2：图像二值化。

```
import cv2
#定义占位函数
def nothing(x):
    pass
cv2.namedWindow('Threshold')                                   #创建名为 Threshold 的窗口
#在 Threshold 窗口下设定名称为 Th，取值范围为 0～255 的滑动条
cv2.createTrackbar('Th', 'Threshold',0,255,nothing)
img = cv2.imread('x2.jpg')                                     #读取当前文件夹中的 x2.jpg 图像
```

```
    imgGray = cv2.cvtColor(img,cv2.COLOR_BGR2GRAY)          #转化为灰度图像
    while True:
        th = cv2.getTrackbarPos('Th', 'Threshold')          #获取滑动条的值
        #当 th=234 时痕迹最为明显
        ret,imgTh = cv2.threshold(imgGray,th,255,cv2.THRESH_BINARY)
        imgTemp = cv2.resize(imgTh ,(0,0),None,0.3,0.3)     #对图像进行尺寸变化
        cv2.imshow('Threshold',imgTemp)
        if cv2.waitKey(10)&0xff == ord('q'):                #按下 q 键，退出循环
            break
    cv2.destroyAllWindows()
```

运行程序，显示如图 13.3 所示的运行结果。

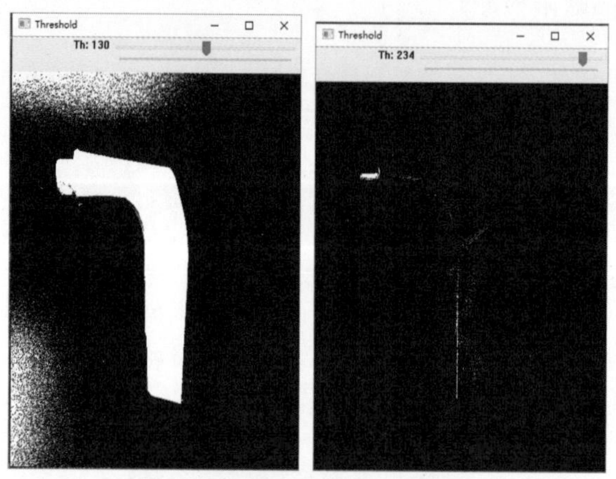

图 13.3　使用滑动条提取目标的结果

步骤 3：形态学操作。

```
    import cv2
    import numpy
    img = cv2.imread('x2.jpg')                                #读取当前文件夹中的 x2.jpg 图像
    imgGauss = cv2.GaussianBlur(img,(3,3),1.1)                #对图像进行高斯滤波操作
    imgGray = cv2.cvtColor(imgGauss,cv2.COLOR_BGR2GRAY)       #转化为灰度图像
    #图像二值化，将阈值设置为 234
    ret,imgTh = cv2.threshold(imgGray,234,255,cv2.THRESH_BINARY)
    #对图像进行膨胀操作
    imgDilate = cv2.dilate(imgTh,numpy.ones((5,5),numpy.uint8),iterations=1)
    #对图像进行腐蚀操作
    imgErode = cv2.erode(imgDilate,numpy.ones((5,5),numpy.uint8),iterations=1)
    #对图像进行形态学开操作
    imgOpen = cv2.morphologyEx(imgErode,cv2.MORPH_OPEN,kernel=numpy.ones((2,2),
numpy.uint8))
    imgTemp = cv2.resize(imgOpen,(0,0),None,0.5,0.5)#显示图像尺寸变换
    cv2.imshow('Result',imgTemp)
    cv2.waitKey(0)
    cv2.destroyAllWindows()
```

运行程序，显示如图 13.4 所示的运行结果。

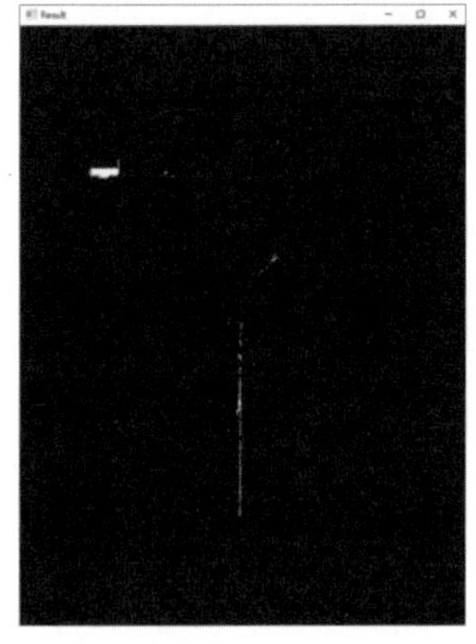

图 13.4　使用形态学操作去除杂波后的图像效果

步骤 4： 痕迹标定。

```
import cv2
import numpy
img = cv2.imread('x2.jpg')                                    #读取当前文件夹中的 x2.jpg 图像
img1 = cv2.resize(img,(0,0),None,0.3,0.3)
imgGauss = cv2.GaussianBlur(img,(3,3),1.1)                    #对图像进行高斯滤波操作
imgGray = cv2.cvtColor(imgGauss,cv2.COLOR_BGR2GRAY)    #转化为灰度图像
#图像二值化，将阈值设置为 234
ret,imgTh = cv2.threshold(imgGray,234,255,cv2.THRESH_BINARY)
#对图像进行膨胀操作
imgDilate = cv2.dilate(imgTh,numpy.ones((5,5),numpy.uint8),iterations=1)
#对图像进行腐蚀操作
imgErode = cv2.erode(imgDilate,numpy.ones((5,5),numpy.uint8),iterations=1)
#对图像进行形态学开操作
imgOpen = cv2.morphologyEx(imgErode,cv2.MORPH_OPEN,kernel=numpy.ones((2,2),
numpy.uint8))
cv2.rectangle(img,(620,630),(775,720),(0,0,255),5)#在痕迹位置画框
imgT = cv2.resize(img,(0,0),None,0.3,0.3)
cv2.imshow('Original',img1)
cv2.imshow('Result',imgT)
cv2.waitKey(0)
cv2.destroyAllWindows()
```

运行程序，显示如图 13.5 所示的运行结果。

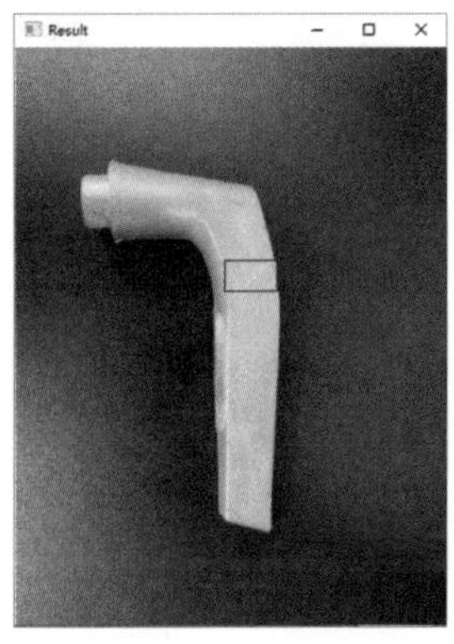

图 13.5　进行痕迹标定后的图像效果

任务拓展——实现产品缺陷标定

在任务演示部分的代码中，我们直接根据坐标标定了痕迹的位置。在实际生产中痕迹位置并不是固定的，因此需要使用动态标定的方法寻找痕迹。最简单的特征位置寻找方法是区域求和，具体步骤为。

（1）预设定能够覆盖痕迹面积的矩形框大小（实例中的矩形框大小为 150×90）。

（2）在痕迹可能出现的位置遍历矩形框，并对矩形框内的像素值进行求和。

（3）根据求和结果找到极值所在位置，此时所对应的矩形框就是特征所在位置。

需要注意的是，在寻找痕迹时一定要避开或消除其他边缘信息。如图 13.6 所示，在寻找痕迹时，起始点一定要在产品边缘的右侧[示例中起始值从（600,600）开始]，这样可以直观地舍弃非干扰因素，有利于对局部信息特征的提取，降低算法的复杂度。

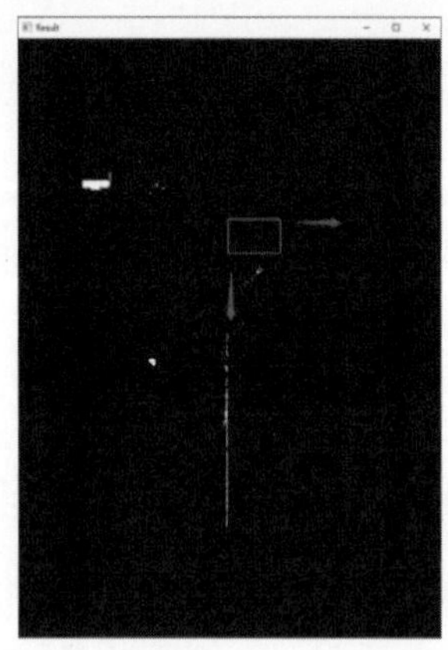

图 13.6　使用矩形求和方法寻找痕迹坐标

根据提示要求进行标定，并对产品表面痕迹进行标定，效果如图 13.7 所示。

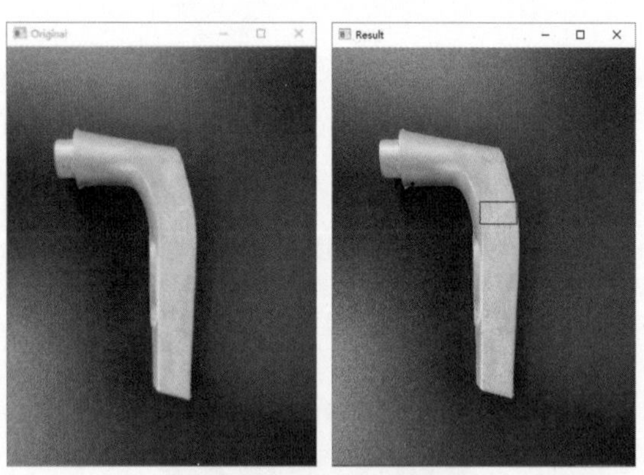

图 13.7　原始图像与痕迹标定图像

任务 2　图像拼接

任务目标

❖ 理解图像拼接的概念和应用。

❖ 掌握 SIFT 角点检测的原理。
❖ 掌握 BFMatcher 特征匹配的过程。

任务准备

13.2.1　背景介绍

图像拼接是指将拍摄到的具有重叠区域的若干图像拼接成一幅无缝全景图，使得在获得大视角的同时确保图像具有较高分辨率。图像拼接被广泛应用于运动检测和跟踪、增强现实、分辨率增强、视频压缩和图像稳定等机器视觉领域，如无人机航拍、遥感图像等。图像拼接是对图像进行下一步处理的基础，拼接效果的好坏直接影响接下来的工作。在生活场景中，利用手机无法一次性拍摄所有的景物，可以通过对该场景从左向右依次拍摄几幅图像，把想要拍摄的所有景物记录下来。

图像配准和图像融合是图像拼接的两个关键技术。图像配准是图像融合的基础，而且图像配准算法的计算量一般非常大，因此图像拼接技术的发展很大程度上取决于图像配准技术的创新。早期的图像配准技术主要采用点匹配法，这类方法速度慢、精度低，而且常常需要人工进行操作。

13.2.2　逻辑框示意图

图 13.8 所示为图像拼接逻辑框示意图。

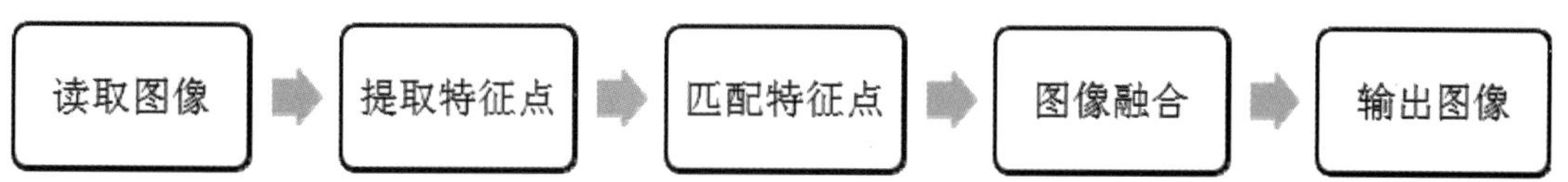

图 13.8　图像拼接逻辑框示意图

13.2.3　SIFT 角点检测算法

SIFT 又被称为“尺度不变特征转换匹配算法”，是计算机视觉任务中的特征提取算法。SIFT 可用于定位图像中的局部特征，通常称为图像的“特征点”。这些特征点是比例尺和旋转不变量，可用于各种计算机视觉应用，如图像匹配、物体检测、场景检测等。还可以将通过 SIFT 生成的特征点用作模型训练期间的图像特征。与边缘特征或单一特征相比，SIFT 特征的主要优势在于不受图像大小或方向的影响，是一种局部特征描述算子。

SIFT 特征检测主要包括以下 4 个基本步骤。

（1）尺度空间极值检测：搜索所有尺度上的图像位置。通过高斯微分函数来识别潜在的对于尺度和旋转不变的兴趣点。

（2）特征点定位：在每个候选的位置上，通过一个拟合精细的模型来确定位置和尺度。特征点的选择依据它们的稳定程度。

（3）方向确定：基于图像局部的梯度方向，为每个特征点位置分配一个或多个方向。所有后面的对图像数据的操作都相对于特征点的方向、尺度和位置进行变换，从而提供对于这些变换的不变性。

（4）特征点描述：在每个特征点周围的邻域内，在选定的尺度上测量图像局部的梯度。这些梯度被变换成一种表示，而这种表示允许比较大的局部形状的变形和光照变化。

在 OpenCV 中，用户可以使用 cv2.SIFT_create()函数构建 SIFT 对象。该函数的语法格式为：

```
sift=cv2.SIFT_create()
```

- sift：返回值为 sift 对象。

用户可以使用 sift.detectAndCompute()函数计算图像的特征点和特征向量，在构建过程中无须输入相关参数。该函数的语法格式为：

```
kps,features=sift.detectAndCompute(gray,mask)
```

- kps：使用 sift 算法搜索出的特征点，类型为 KeyPoint 列表。
- features：表示特征向量，类型为 ndarray。
- gray：表示输入的灰度图像。
- mask：表示输入的掩膜图像，当值为 None 时，表示不使用掩膜。

13.2.4 Brute-Force 匹配

找到图像中的特征点后需要对图像之间重叠部分的特征点进行匹配。Brute-Force 匹配又被称为“蛮力匹配”，对一组特征点中的每一个特征点描述符与另一组的最接近的特征点描述符进行匹配。在 OpenCV 中，用户可以先使用 cv2.BFMatcher_create()函数构建匹配器，再使用匹配器中 cv2.DescriptorMatcher.knnMatch()函数进行匹配点匹配。cv2.BFMatcher_create()函数的语法格式为：

```
retval = cv.BFMatcher_create([, normType[, crossCheck]])
```

用户可以使用 cv2.DescriptorMatcher.match()函数或 cv2.DescriptorMatcher.knnMatch()函数对特点进行描述符匹配。两者的区别是 cv2.DescriptorMatcher.match()函数用于返回最佳匹配，cv2.DescriptorMatcher.knnMatch()函数用于返回最佳的 k 个匹配。

cv2.DescriptorMatcher.match()函数的语法格式为：

```
matches = cv2.DescriptorMatcher.match( queryDescriptors, trainDescriptors[, mask] )
```

cv2.DescriptorMatcher.knnMatch()函数的语法格式为：

```
matches=cv2.DescriptorMatcher.knnMatch(queryDescriptors,trainDescriptors,k)
```

- matdnes：返回值为 DMatch 类型，包括 queryIdx、trainIdx、imgIdx、distance，类型说明如下。
    - queryIdx：查询特征点的索引。
    - trainIdx：被查询到特征点的索引。
    - imgIdx：与之匹配的图像索引。
    - distance：本次匹配的特征点描述符之间的欧式距离。
- queryDescriptors：测试图像的特征点描述符的下标（第几个特征点描述符），同时也是描述符对应特征点的下标。

- trainDescriptors：样本图像的特征点描述符下标，同时也是描述符对应特征点的下标。
- k：返回 k 个匹配点。

为了确保 KNN 返回的特征具有很好的可比性，提出了一种比率测试的技术。在一般情况下，我们先遍历 KNN 得到匹配对，再执行距离测试。对于每对特征（f1,f2），如果 f1 和 f2 之间的距离在一定比例之内，将其保留，否则将其丢弃。同样，必须手动选择比率值。使用上面获得的两个最佳匹配应用测试比率，通过定义相关的比例获得最佳匹配点。

- 当 d1<ratio×d2 时，d1 表示相邻最近两个匹配特征点的欧氏距离；d2 次之；ratio 表示图像匹配特征点欧氏距离的稳定性，其值越大匹配点的数量越多，但是错误也就越多。
- 当 ratio<0.4 时，表示匹配点的数量较少，但稳定性高。
- 当 ratio>0.6 时，表示匹配点的数量较多。

13.2.5　图像融合

找到图像之间的最佳匹配后，需要计算匹配特征点之间的变换矩阵以实现两幅图像之间的拼接与融合。在 OpenCV 中，用户可以使用 cv2.findHomography()函数计算两个平面之间的映射变换矩阵。该函数的语法格式为：

```
M,status=cv2.findHomography(srcPoints,dstPoints,method=None,ransacReprojThresh
old=None, mask=None, maxIters=None, confidence=None)
```

- M：表示匹配特征点之间的映射变换矩阵。
- status：表示返回的最佳匹配掩膜。
- srcPoints：表示源平面中点的坐标矩阵。
- dstPoints：表示目标平面中点的坐标矩阵。
- method：计算坐标矩阵所使用的方法。
- ransacReprojThreshold：将点对视为内点的最大允许重投影错误阈值（仅用于 Ransac 和 Rho 算法）。如果 srcPoints 和 dstPoints 以像素为单位，则该参数的设置范围为 1～10。
- mask：可选输出掩码矩阵，通常由鲁棒算法（Ransac 或 Lmeds）设置。需要注意的是，输入掩码矩阵是不需要设置的。
- maxIters：Ransac 算法的最大迭代次数，默认值为 2000。
- confidence：置信度，取值范围为 0～1。

在一般情况下，先利用透视变换实现匹配图像与目标图像之前的透视变换，再实现图像融合。用户可以使用 cv2. warpPerspective()函数进行透视变换。该函数的语法格式为：

```
revtal=cv2. warpPerspective(src, M, dsize)
```

- revtal：表示转换后的图像。
- src：表示源图像。
- M：表示 3×3 的转换矩阵。
- dsize：表示目标图像大小。

微课 实现图像拼接

任务演练——实现图像拼接

【例 13.2】实现图像拼接。

步骤 1：提取点特征。

```
import cv2
import numpy as np
#读取图像
img1=cv2.imread('left.jpg')
img2=cv2.imread('right.jpg')
#将图像转换为灰度图像
gray1=cv2.cvtColor(img1,cv2.COLOR_BGR2GRAY)
gray2=cv2.cvtColor(img2,cv2.COLOR_BGR2GRAY)
#构造 SIFT 对象
sift=cv2.SIFT_create()
#求解特征点与 SIFT 特征向量
kpsA,dpA=sift.detectAndCompute(gray1,None)
kpsB,dpB=sift.detectAndCompute(gray2,None)
#绘制特征点
imgkps1 = cv2.drawKeypoints(gray1, kpsA, img1.copy(),(255,0,0),-1)
imgkps2 = cv2.drawKeypoints(gray2, kpsB, img2.copy(),(255,0,0),-1)
cv2.imshow('imgkps1',imgkps1)
cv2.imshow('imgkps2',imgkps2)
```

运行程序，显示如图 13.9 所示的运行结果。

图 13.9　使用高斯滤波处理后的图像

步骤 2：匹配特征点。

```
import cv2
import numpy as np
#构造 BFMatcher 对象，使用 cv2.BFMatcher()函数寻找匹配点
bf=cv2.BFMatcher()
#使用 bf.knnMatch()函数匹配点
good_matches=[]
matches=bf.knnMatch(dpA,dpB,2)
#手动去除不可靠匹配
good_matches=[]
for m in matches:
    if len(m)==2 and m[0].distance<0.5 * m[1].distance:
        good_matches.append((m[0].queryIdx,m[0].trainIdx))
#找到所有点的 x 轴坐标与 y 轴坐标
kps1=np.float32([kp.pt for kp in kpsA])
kps2=np.float32([kp.pt for kp in kpsB])
#将可靠的匹配点转换为数据类型
#找到所有可靠点的 x 轴坐标和 y 轴坐标
```

```
kps1=np.float32([kps1[a[0]] for a in good_matches])
kps2=np.float32([kps2[a[1]] for a in good_matches])
```

步骤 3：图像融合。

```
import cv2
import numpy
#求解转换矩阵
M,status=cv2.findHomography(kps2,kps1,cv2.RANSAC,3.0)
#拼接图像
result=cv2.warpPerspective(img2,M,(img1.shape[1]+img2.shape[1],img2.shape[0]))
result[0:img1.shape[0],0:img1.shape[1]]=img1
cv2.imshow('result',result)
cv2.waitKey()
cv2.destroyAllWindows()
```

运行程序，显示如图 13.10 所示的运行结果。

图 13.10　使用形态学操作去除杂波后的图像

任务拓展

根据任务演示部分的代码，如果对多幅图像进行拼接，其重点如下。

（1）利用 SIFT 找到图像之间的匹配点。

（2）筛选出较好的匹配点。

（3）找到图像之间的相互关系，并进行图像融合。

需要注意的是，图像既需要左右拼接也需要上下拼接，思考与改进实例中代码的灵活性，请根据提示要求进行图像拼接，效果如图 13.11 所示。

图 13.11　图像拼接效果图

任务 3　人脸检测与人脸识别

任务目标

❖ 熟悉人脸检测器模型调用方法。
❖ 掌握 OpenCV 在人脸识别与训练中的应用。

任务准备

13.3.1　背景介绍

人脸检测和人脸识别技术是计算机视觉领域最热门的应用。目前，人脸识别技术已经被广泛应用于金融、安防、司法等领域。人脸检测是指在一幅图像或视频中完成人脸定位的过程，其返回的是人脸的位置矩形框。人脸识别是在人脸检测的基础上，根据人脸的特征判断人的身份等信息，即确定检测到的人脸是谁。

人脸识别是目前较为流行的一种生物特征识别技术。人脸识别技术是指利用计算机软件分析、识别人脸，是针对人本身的生物特征来区分生物体个体的，其应用广泛，常被应用于门禁、移动支付等方面。本任务主要介绍人脸检测与人脸识别的基础知识，以及如何对图像或视频中出现的人脸进行检测。

13.3.2　逻辑框示意图

图 13.12　人脸检测与人脸识别逻辑框示意图

13.3.3　cv2.CascadeClassifier()函数

CascadeClassifier 是在 OpenCV 中进行人脸检测时的一个级联分类器。并且既可以使用 Haar，也可以使用 LBP 特征。该函数的语法格式为：

```
faceCascade = cv2.CascadeClassifier(XML)
```

- faceCascade：返回的 CascadeClassifier 对象，主要负责人脸检测。
- XML：在安装完 OpenCV 后，在 cv2/data 文件夹中保存了很多已经训练好的分类器，用来识别人脸、眼睛、鼻子等。它以 XML 文件的形式存储，如图 13.13 所示，这些文件可用于检测静止图像、视频和摄像头所得到图像中的人脸。

此电脑 › Data (D:) › Anaconda3 › Lib › site-packages › cv2 › data ›

名称	修改日期	类型	大小
__pycache__	2022/2/16 13:39	文件夹	
__init__.py	2022/2/16 13:39	PY 文件	1 KB
haarcascade_eye.xml	2022/2/16 13:39	XML 文件	334 KB
haarcascade_eye_tree_eyeglasses.xml	2022/2/16 13:39	XML 文件	588 KB
haarcascade_frontalcatface.xml	2022/2/16 13:39	XML 文件	402 KB
haarcascade_frontalcatface_extended...	2022/2/16 13:39	XML 文件	374 KB
haarcascade_frontalface_alt.xml	2022/2/16 13:39	XML 文件	661 KB
haarcascade_frontalface_alt_tree.xml	2022/2/16 13:39	XML 文件	2,627 KB
haarcascade_frontalface_alt2.xml	2022/2/16 13:39	XML 文件	528 KB
haarcascade_frontalface_default.xml	2022/2/16 13:39	XML 文件	909 KB
haarcascade_fullbody.xml	2022/2/16 13:39	XML 文件	466 KB
haarcascade_lefteye_2splits.xml	2022/2/16 13:39	XML 文件	191 KB
haarcascade_licence_plate_rus_16sta...	2022/2/16 13:39	XML 文件	47 KB
haarcascade_lowerbody.xml	2022/2/16 13:39	XML 文件	387 KB

图 13.13 XML 文件

13.3.4 faceCascade.detectMultiScale()函数

在加载完用于人脸检测的分类器后，用户可以使用 faceCascade.detectMultiScale()函数进行人脸检测。该函数的语法格式为：

```
    objects= faceCascade.detectMultiScale(image, scaleFactor, minNeighbors, flags, minSize, maxSize)
```

- objects：返回检测到的人脸目标序列。
- image：表示要检测的输入图像，通常为灰度图像。
- scaleFactor：表示每次图像尺寸减小的比例，即缩放比例。
- minNeighbors：表示每一个目标至少要被检测到几次才算是真的目标（因为周围的像素和不同的窗口大小都可以检测到人脸）。
- flags：在低版本的 OpenCV 1.x 中使用，如果在 OpenCV 高版本中使用，则常忽略该参数。
- minSize：表示检测出的目标的最小尺寸。
- maxSize：表示检测出的目标的最大尺寸。

微课 实现人脸检测与人脸识别

任务演练——实现人脸检测与人脸识别

【例 13.3】静态图像中的人脸检测。

```
import cv2
img = cv.imread('people.jpg')                          # 读取图像
gray = cv.cvtColor(img, cv2.COLOR_BGR2GRAY)            # 将图像转化为灰度图像
# 加载脸部特征识别器
face_cascade = cv.CascadeClassifier('haarcascade_frontalface_alt.xml')
faces = face_cascade.detectMultiScale(gray, 1.2 5)     # 执行人脸检测
# 检测操作的返回值为人脸矩形数组，通过 for 循环绘制人脸矩形框
for (x, y, w, h) in faces:
    cv2.rectangle(img, (x,y), (x+w,y+h), (255,0,0), 2) # 绘制矩形框标注人脸
cv2.imshow("face",img)
if cv2.waitKey(1)==ord("q"):
break
```

运行程序，显示如图 13.14 所示的检测结果。

图 13.14　图像中的人脸检测结果

【例 13.4】视频中的人脸检测。

例 13.3 介绍了如何在静态的图像上进行人脸检测。在视频的帧上重复这个过程就能完成视频（如摄像头的输入或视频文件）中的人脸检测（见例 13.4）。

```
import cv2
cap = cv2.VideoCapture("face.avi")                              #实例化一个视频对象
# 加载脸部特征识别器
face_cascade = cv.CascadeClassifier('haarcascade_frontalface_alt.xml')
while(cap.isOpened()):
    ret, frame = cap.read()
    if ret:
        gray = cv.cvtColor(frame, cv2.COLOR_BGR2GRAY)          # 将视频帧转化为灰度图像
faces = face_cascade.detectMultiScale(gray, 1.2 5)              # 执行人脸检测
# 检测操作的返回值为人脸矩形数组，通过 for 循环绘制人脸矩形框
for (x, y, w, h) in faces:
    cv2.rectangle(frame, (x,y), (x+w,y+h), (255,0,0), 2)     # 绘制矩形框标注人脸
        cv2.imshow("face", frame)
        if cv2.waitKey(1)==ord("q"):
            break
cap.release()
cv2.destroyAllWindows()
```

运行程序，显示如图 13.15 所示的检测结果。

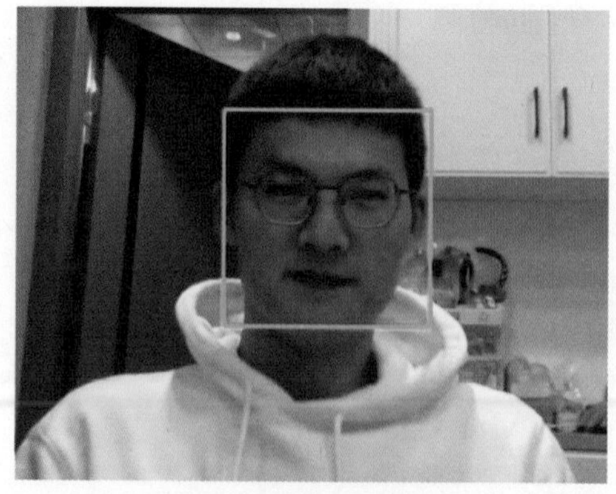

图 13.15　视频中的人脸检测结果

【例 13.5】图像中的人脸识别。

人脸识别不同于人脸检测，人脸识别不仅需要在一幅图像中检测出人脸，也需要判断出该人脸是谁。OpenCV 提供了 3 种人脸识别的方法，分别是特征脸（Eigenfaces）、人鱼脸（Fisherfaces）和局部二进制编码直方图（LBPH）。这 3 种方法的使用方式比较接近。下面主要介绍 LBPH 的使用方法。

步骤 1：人脸数据准备。

对待识别的人脸对象创建训练集，并对训练集做好标记，要求每一个识别对象为一个文件夹，将文件夹命名为对应的名字，如图 13.16 所示。

名称	修改日期	类型
lianbo	2022/2/16 12:17	文件夹
wang	2022/2/16 12:17	文件夹
zhang	2022/2/16 12:17	文件夹

图 13.16　人脸数据集准备

步骤 2：执行训练步骤。

```
import os
import cv2
# 对遍历文件夹中的图像进行人脸检测
def getlable(path):
    facesamples = []                        # 存储人脸数据
    ids = []                                # 存储人脸类别
    # 存储图像信息
    imagepaths = [os.path.join(path, f) for f in os.listdir(path)]
    face_cascade = cv2.CascadeClassifier(
                     './cascade_files/haarcascade_frontalface_alt.xml')
    name = 0
    for imagePath in imagepaths:            # 遍历列表中的图像
        for im_name in os.listdir(imagePath):
            img = cv2.imread(os.path.join(imagePath, im_name))
            # 将图像转化为灰度图像
            gray = cv2.cvtColor(img, cv2.COLOR_BGR2GRAY)
            # 获取人脸特征
            faces = face_cascade.detectMultiScale(gray)
            for x, y, w, h in faces:
                ids.append(name)
                facesamples.append(gray[y:y + h, x:x + w])
        name += 1
    return facesamples, ids
if __name__ == '__main__':
    path = 'faces_dataset/train/'           # 获取图像路径
    faces, ids = getlable(path)             # 获取图像数组、id 标签数组和姓名
    # 获取训练对象
    recognizer = cv2.face.LBPHFaceRecognizer_create()
    # 开始训练
    recognizer.train(faces, np.array(ids))
    # 保存训练好的人脸特征数据文件
```

```
    recognizer.write('my_LBPHFaceRecognizer.xml')
```

步骤 3： 人脸识别测试。

```
import cv2
names = ['lianbo', …]                                          # 定义待识别的人的姓名
# 加载训练数据集文件
recogizer = cv2.face.LBPHFaceRecognizer_create()
recogizer.read('my_LBPHFaceRecognizer.xml')                    # 获取脸部特征数据文件
# 加载脸部特征识别器
face_cascade = cv2.CascadeClassifier(
    './cascade_files/haarcascade_frontalface_alt.xml')
# 读取图像
img = cv2.imread('./people3.jpg')
# 将图像转化为灰度图像
gray = cv2.cvtColor(img, cv2.COLOR_BGR2GRAY)
# 设置特征的检测窗口
faces = face_cascade.detectMultiScale(gray, 1.2, 5)
for (x,y,w,h) in faces:
    cv2.rectangle(img,(x,y),(x+w,y+h),(0,255,0),2)
    ids, confidence = recogizer.predict(gray[y:y + h, x:x + w])# 进行预测、评分
    # 把姓名打到人脸的矩形框上
    cv2.putText(img, str(names[ids]), (x+10, y-10), cv2.FONT_HERSHEY_SIMPLEX,
0.75, (0, 255, 0), 1)
cv2.imshow('Face Detector',img)
cv2.waitKey(0)
cv2.destroyAllWindows()
```

运行程序，显示如图 13.17 所示的人脸识别结果。

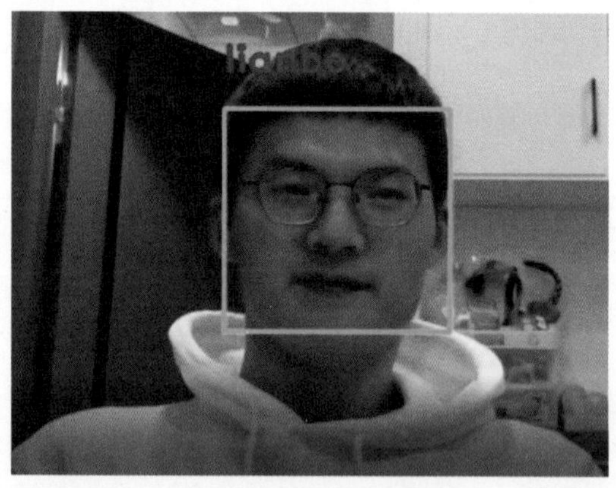

图 13.17　视频中的人脸识别结果

任务拓展

根据任务演示部分的代码实现本任务拓展，将人脸中的鼻子、眼睛等部位检测出来，效果如图 13.18 所示。

任务拓展重点如下。

（1）加载鼻子或眼睛的特征分类器。

（2）实现鼻子或眼睛的检测，并绘制在图像中。

（3）鼻子和眼睛相比于脸部区域较小，需要对应地调整参数。

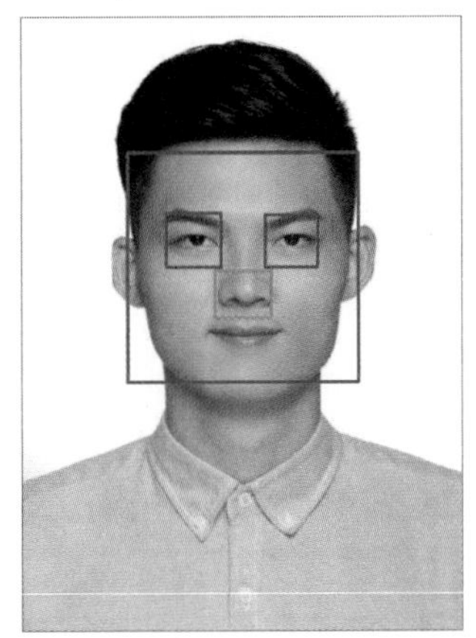

图 13.18　人脸、鼻子和眼睛检测示意图

任务 4　人体目标跟踪检测

任务目标

❖ 熟悉 OpenCV 追踪算法。
❖ 掌握 OpenCV 追踪算法的使用方法。

任务准备

13.4.1　背景介绍

在车水马龙的十字路口上，我们站在计算机视觉的角度可以看到很多待识别的物体对象，尤其是行人在马路上来来回回地穿梭，那么统计人流量及人流密集程度就变得尤为重要，这可以为交通疏导提供指导、建议等。生活中的许多实例都渗透着目标跟踪算法的运用。所以在本任务中，我们采用 OpenCV 的方式来跟踪视频中人流动向，并以此掌握该算法的运用。

目标跟踪是计算机视觉领域的一个重要问题，目前被广泛应用在体育赛事转播、安防监控、无人机、无人车、机器人等领域中，其本质也是在视频中识别每一类物种或针对某种类别进行识别检测跟踪。

13.4.2　逻辑框示意图

图 13.19　人体目标跟踪检测逻辑框示意图

13.4.3 OpenCV 目标追踪算法

BOOSTING Tracker：助推跟踪器。该跟踪器基于 ADaboost 的在线版本，ADaboost 是基于 HAAR 级联的人脸检测器内部使用的算法。该跟踪器需要在运行时使用对象的正反样本进行训练。该跟踪器的运算速度很慢，不能很好地工作。

MIL Tracker：密尔跟踪器。比 BOOSTING Tracker 助推跟踪器更准确，性能不错。它不会像 BOOSTING Tracker 助推跟踪器那样漂移，并且在部分遮挡下也能正常工作，但失败率较高。

KCF Tracker：核心相关跟踪器。其准确度和速度都比 MIL Tracker 密尔跟踪器好，其报告跟踪故障比 BOOSTING Tracker 助推跟踪器和 MIL Tracker 密尔跟踪器的算法好。但无法从完全遮挡中恢复。

CSRT Tracker：判别相关跟踪器（具有信道和空间可靠性）。它比 KCF Tracker 核心相关跟踪器更准确，但运算速度稍慢。

MedianFlow Tracker：中值流跟踪器。如果要检测的对象为快速移动的物体，或者外观变化很快的物体，则模型检测将会失败。

TLD Tracker：这款跟踪器非常容易出现误报。不建议使用该跟踪器。

MOSSE Tracker：这款跟踪器的运算速度非常快，但不如 CSRT Tracker 判别相关跟踪器或 KCF Tracker 核心相关跟踪器准确。如果只需要纯粹的速度，那么这款跟踪器是一个很好的选择。

GOTURN Tracker：OpenCV 中唯一的基于深度学习的对象检测器。它需要运行其他模型文件（不做介绍）。

微课 实现单目标跟踪

任务演练——实现单目标跟踪

【例 13.6】实现单目标跟踪。

步骤 1： 创建跟踪器方法对象。

```
import cv2
import numpy as np
OPENCV_OBJECT_TRACKERS = {
    "csrt": cv2.TrackerCSRT_create,
    "kcf": cv2.TrackerKCF_create,
    "boosting": cv2.TrackerBoosting_create,
    "mil": cv2.TrackerMIL_create,
    "tld": cv2.TrackerTLD_create,
    "medianflow": cv2.TrackerMedianFlow_create,
    "mosse": cv2.TrackerMOSSE_create
}
```

上述 OPENCV_OBJECT_TRACKERS 字典表示选择适当的跟踪算法进行跟踪。

步骤 2： 实例化跟踪器对象。

```
# 实例化 OpenCV 中的跟踪器
trackers = cv2.MultiTracker_create()
```

步骤 3： 视频基本处理方法。

```
vs = cv2.VideoCapture("2.mp4")   # 导入待识别的视频
while True:
```

```
    # 获取当前帧
    frame = vs.read()
    # (true, data)
    frame = frame[1]
    # 设置视频播放结束
    if frame is None:
        break
    # 将每一帧缩放为相同大小
    (h, w) = frame.shape[:2]
    width=600
    r = width / float(w)
    dim = (width, int(h * r))
    frame = cv2.resize(frame, dim, interpolation=cv2.INTER_AREA)
```

步骤 4： 跟踪结果与绘制区域。

```
    # 跟踪结果
    (success, boxes) = trackers.update(frame)
    # 绘制区域
    for box in boxes:
        (x, y, w, h) = [int(v) for v in box]
        cv2.rectangle(frame, (x, y), (x + w, y + h), (0, 255, 0), 2)
    cv2.imshow("Frame", frame)
```

步骤 5： 选择目标 ROI。

```
key = cv2.waitKey(100) & 0xFF
    if key == ord("s"):
        # 选择一个区域，并按下 s 键
        box = cv2.selectROI("Frame", frame, fromCenter=False,
            showCrosshair=True)
        # 创建一个新的跟踪器
        tracker = OPENCV_OBJECT_TRACKERS["csrt"]()
        trackers.add(tracker, frame, box)
    # 退出循环
    elif key == 27:
        Break
```

步骤 6： 关闭视频。

```
vs.release()
cv2.destroyAllWindows()
```

任务拓展

本任务拓展要求结合任务演练中的代码，选择不同类型的 OPENCV_OBJECT_TRACKERS 跟踪算法，以及选择对多人进行目标跟踪（如将身穿蓝色、黄色服饰的运动员作为目标跟踪对象），并将运行结果与代码保存上交。

请根据模型输出结果，对目标对象进行标示，效果如图 13.20 所示。

本任务拓展的重点如下。

- 跟踪算法的选择对比。
- 多人目标跟踪。

图 13.20　正常视频与多人跟踪检测

反侵权盗版声明